华南地区
道路绿化设计与施工实践

阮　琳　文才臻　刘兴跃　编

华南理工大学出版社
SOUTH CHINA UNIVERSITY OF TECHNOLOGY PRESS
·广州·

图书在版编目（CIP）数据

华南地区道路绿化设计与施工实践／阮琳，文才臻，刘兴跃编. —广州：华南理工大学出版社，2019.10
ISBN 978-7-5623-6112-1

Ⅰ．①华⋯　Ⅱ．①阮⋯　②文⋯　③刘⋯　Ⅲ．①城市道路－道路绿化－景观设计－华南地区②城市道路－道路绿化－工程施工－华南地区　Ⅳ．① TU985.18

中国版本图书馆 CIP 数据核字（2019）第 213204 号

HUANAN DIQU DAOLU LÜHUA SHEJI YU SHIGONG SHIJIAN
华南地区道路绿化设计与施工实践
阮琳　文才臻　刘兴跃　编

出 版 人：卢家明
出版发行：华南理工大学出版社
（广州五山华南理工大学 17 号楼，邮编 510640）
http://www.scutpress.com.cn　E-mail: scutc13@scut.edu.cn
营销部电话：020-87113487　87111048（传真）
策划编辑：范亚玲
责任编辑：朱彩翻
印 刷 者：广州商华彩印有限公司
开　本：787 mm×1092 mm　1/16　印张：12.5　字数：280 千
版　次：2019 年 10 月第 1 版　2019 年 10 月第 1 次印刷
定　价：128.00 元

编　委　会

目　录

第 1 章　道路绿化概述

1.1　道路绿化的概念与功能

1.1.1　道路绿化概念

道路绿化的概念起初是指按照一定间距栽植于道路两旁的树木，可以简单理解为"一条路两行树"模式的行道树。随着城市社会、经济、文化等的蓬勃发展，城市道路网逐渐形成，对道路绿化树种的选择也提出了新的要求，乔木选择趋向于成阴快、抗逆性强、具有经济价值和观赏价值的高大树种，植物应用范围也由乔木扩大至灌木、地被植物等。伴随着城市化进程的加快，城市环境质量日益下降，人们开始意识到城市生态建设的重要性，提出创建花园城市、园林城市和宜居城市等理念，将住宅、公共建筑周围的植物景观纳入道路绿化系统，构建绿色生态城市。由此可见，道路绿化的概念并不是一成不变的，而是随着时代的发展和对环境景观内涵理解的逐步深入而变化，现在道路绿化的概念已延伸为道路绿地的规划、设计、施工与维护管理相统一的系统工程。[①]

1.1.2　道路绿化的功能

1. 交通辅助功能

（1）优化道路交通

道路绿化优化交通主要有以下几种方式：道路中央设置分车绿带，可以保障车流的单向行驶，减少车流之间的相互干扰；道路两侧设置分车绿带，可以将机动车与非机动车分离开来，缓解快车与慢车混行的矛盾；道路边缘的行道树绿带的设置，可以实现行人与车流自然分离。另外，还可以通过中心岛、立体交叉岛等的设置，有效阻隔人流和车流。而树木的种植方式又预示道路线形变化、诱导行车视线，起到引导、控制人流和车流的作用。

（2）防眩作用

夜间行车时，相向行驶的车辆灯光照射会产生一定的眩光，导致司机难以辨清前

---

① 张健. 浅谈城市道路绿化景观设计［J］. 城市建设理论研究，2013（3）.

方交通状况，容易造成安全隐患，而合理的道路绿化设计可以有效地避免这种状况。如利用植物打造 1.0～1.2 m 高的中央分车绿带，能有效地遮挡 90% 以上的眩光，保障夜间行车安全。

（3）缓解视觉疲劳

机动车在道路上行驶具有时间长、速度快等特点，若整个道路沿线景观单调乏味，极易造成司机视觉疲劳，引发交通事故。[①] 在城市道路绿化中，合理地运用乔、灌、草、花等植物的形态、色彩和季相变化特点营造优美的道路景观，创造良好的视觉环境，能够有效缓解司机的视觉疲劳，提高他们的注意力，从而降低交通事故的发生概率。

2. 景观组织功能

（1）组织城市景观

城市道路绿地是城市森林的重要组成部分，它以"线"的形式将城市中分散的"点"状与"面"状绿化联系起来，从而构成完整的城市绿地系统。城市道路如脉络一般延伸到城市的各个区域，通过植物实现对道路空间有序的、虚实结合的分隔，合理地组织和安排城市景观与游览路线，将城市各个空间有机地组织和串联起来。

与街道护栏、路障等硬质景观的机械性分隔不同，道路绿化是利用植物的形态、色彩、季相及配植方式等来体现空间层次感，增强道路与周围环境的协调性，使之成为一个富有生气的、统一的空间。大量绿化植物的有序种植，能增强道路空间界面的连续性（见图 1-1），道路的景观特征承载着表达城市文化和城市美学的作用。

图 1-1　排列整齐的行道树加强建筑物之间的联系

---

① 何晓颖. 上海市主要道路绿带木本植物景观的现状研究——以浦西内环线范围内为例［D］. 南京：南京农业大学，2008.

（2）美化环境，陶冶情操

人们对城市的第一印象往往是城市的道路景观，所以城市道路绿化的景观效果优劣直接影响人们对市容、市貌的看法。现代城市高楼迭起，道路纵横交错，对道路进行绿化设计可以柔化城市道路与周围建筑等设施的生硬衔接，遮挡城市道路两侧有碍观瞻的排水明沟、挡土墙和高架桥墩等构筑物，在城市钢筋混凝土森林中营造一道亮丽的风景线。

城市居民因为长时间远离自然，本就对亲近自然有强烈的需求，而植物本身在形态、质感、色彩和季相变化等方面具有独特的美学特性，运用不同的植物进行合理的配置，可以将自然的色彩和形态引入道路和与之毗邻的建筑环境之中，形成丰富多彩的道路景观。人们可以看到道路上树木的光影变化，感受春花、夏叶、秋果、冬型的自然之美，从而缓解城市快节奏生活带来的紧张感，得到精神上的愉悦。有研究显示，当视野中的绿色比重达到 30% 时，人可获得最为舒适的精神感受。[①] 在道路绿化完善、环境优美的地方工作，劳动者的疲劳程度能得到缓解，精神面貌和心理状态也可得到改善，工作效率可提高 15%～35%，工伤事故发生率减少近一半。[②]

3. 生态保护功能

（1）提供遮阴，调节小气候

常言道"大树底下好乘凉"，行道树自古以来就有供行人在树下休息的作用，可见提供遮阴是道路绿化的基本功能。树冠的遮挡能削减部分直射阳光，树阴下产生的小环境有降温的效果。

浓密的树冠可同时吸收和反射太阳光。太阳辐射的热量有 25% 被树冠吸收，有 20%～25% 被直接反射回天空。在夏季，通过行道树树冠遮阳，可以减少太阳对地面的直射，降低辐射能量。同时，叶片的蒸腾作用消耗大量的热量，提高周围环境的相对湿度，从而达到冷却和加湿空气的效果。据测定，混凝土路面温度为 46℃时，有树阴的地表温度为 32℃，中午在树阴下的水泥路温度比阳光直射的水泥路温度低 11℃左右，环境气温低 3～7℃。因此，在夏季，当人们身处行道树繁茂之地时，常常感到空气凉爽、湿润、清新。不同树种的遮阴降温效果也不同，如表 1-1 所示。

在冬季，行道树的树冠对辐射到地面的热量有阻挡作用，可防止其扩散至高空，从而起到保温效果。而且绿树成荫的地方风速小，气流交换弱，温度变化缓慢，所以冬季刮风时，常绿行道树下的气温相对高 1～3℃。

道路绿化对小气候的调节还可以通过道路绿地与周围非绿地之间的温差来实现，即形成局部小环流，促使空气流动，提高道路环境的舒适度。

城市道路特别是滨河路的绿化带，是城市的通风渠道，道路绿带若与城市夏季风

① 谭烨. 城市道路绿化景观设计刍议 [J]. 城市建设理论研究，2012（4）.

② 陈相强. 城市道路绿化景观设计与施工 [M]. 北京：中国林业出版社，2005.

方向一致，可为城市创造良好的通风条件，缓解城市热岛效应，增加空气湿度；若与城市冬季风方向相垂直，可大大减低寒风和风沙的威力。

表 1-1　常用树木遮阴降温效果比较

树种	阳光下温度 /℃	树阴下温度 /℃	温差 /℃
银杏	40.2	35.3	4.9
刺槐	40.0	35.5	4.5
枫杨	40.4	36	4.4
二铃悬铃木	40.0	35.7	4.3
白榆	41.3	37.2	4.1
合欢	40.5	36.6	3.9
加杨	39.4	35.8	3.6
椿树	40.3	36.8	3.5
小叶杨	40.3	36.8	3.5
构树	40.4	37.0	3.4
楝树	40.2	36.8	3.4
梧桐	41.1	37.9	3.2
旱柳	38.2	35.4	2.8
槐树	40.3	37.7	2.6
垂柳	37.9	35.6	2.3

注：测定器的空间位置：①测定树阴下温度，在树阴的中心；②测定阳光下的温度，在离树阴外缘 3 m 处；③测定器的空间高度均为离地面 1 m 处。

来源：蒋中秋，姚时章编著.《城市绿化设计》.

（2）吸碳吐氧，净化空气

绿色植物的光合作用、呼吸作用均与 CO_2 及 O_2 密切相关，进行光合作用时吸收 CO_2，释放 O_2，进行呼吸作用时吸收 O_2，释放 CO_2。通常来说，植物光合作用吸收的 CO_2 是呼吸作用排出的 CO_2 的 20 倍之多，因而植物也有天然氧气加工厂之称。根据统计，如果人均绿化面积达到 10 m^2，就可以为人的呼吸活动提供所需要的 O_2，并消耗掉由此所产生的 CO_2。[①] 城市人口密集，除了人的呼吸，还有燃料的燃烧、汽车尾气的

———————————

① 庄雪影. 园林树木学　华南本 [M]. 广州：华南理工大学出版社，2006.

排放等都会消耗 O_2，排出 CO_2，所以有些专家通过计算，得出城市居民人均绿地面积达到 $30\sim 40\ m^2$ 时，才能保持大气中的碳氧平衡。[①]

大气中 CO_2、CH_4 等温室气体浓度急剧上升造成的全球气候变暖问题已成为国际最受关注的环境问题之一，亟待解决。城市道路绿地作为城市绿地系统的一部分，其绿化量较大，吸碳吐氧的功能突出，在改善生态环境方面具有不可替代的作用。

（3）防尘吸毒，保护环境

建筑工地施工和工厂生产飞出的粉尘以及空气中普遍存在的粉尘等都是污染环境的有害物质。这些微尘颗粒重量虽小，但在大气中的总重量却不容小觑，许多工业城市每月每平方千米平均降尘量为 500 t 左右，在一些工业集中的城市有时甚至高达 1000 t 以上。[②]植树绿化是减少空气中粉尘的有效方法，树木吸附和过滤灰尘的作用表现在两个方面：一是由于茂密的树冠具有强大的降低风速作用，随着风速的降低，气流中携带的大粒灰尘也会下降；二是由于部分树叶表面粗糙不平，多绒毛，分泌黏性油脂或汁液，对空气中的灰尘或飘尘具有吸附作用。吸尘树木经过雨水的冲刷后，又能恢复其滞尘能力。

道路绿地种有大量的行道树、花灌木和草皮，能起到不小的降尘防尘作用，特别是绿化带的草坪还能防止灰尘的再起。树木的滞尘能力与叶片的形态、叶面的粗糙程度等相关，常见树种的滞尘能力见表 1–2。榆树、朴树、木槿、广玉兰、重阳木、女贞等都是理想的防尘树种。

表 1–2　常见树种单位面积滞尘量

树种	滞尘量 / ($g\cdot m^{-2}$)	树种	滞尘量 / ($g\cdot m^{-2}$)
榆树	12.27	丝棉木	4.77
朴树	9.37	紫薇	4.42
木槿	8.13	悬铃木	3.73
广玉兰	7.10	石榴	3.66
重阳木	6.81	五角枫	3.45
女贞	6.63	乌桕	3.39
大叶黄杨	6.63	樱花	2.75
刺槐	6.37	蜡梅	2.42
楝树	5.89	加杨	2.06

---

① 蒋中秋，姚时章. 城市绿化设计［M］. 重庆：重庆大学出版社，2000.

② 庄雪影. 园林树木学　华南本［M］. 广州：华南理工大学出版社，2006.

（续上表）

树种	滞尘量 / $(g \cdot m^{-2})$	树种	滞尘量 / $(g \cdot m^{-2})$
臭椿	5.88	黄金树	2.05
构树	5.87	桂花	2.02
三角枫	5.52	海桐	1.81
桑树	5.39	栀子	1.47
夹竹桃	5.28	绣球	0.63

来源：朱仁元，金涛主编.《城市道路·广场植物造景》.

城市各种工业排污、汽车尾气排放都会产生 SO_2、氯、臭氧、氟化物、碳氢化物和氮氧化物等有害气体和固体物质。而在这些有害物质中，SO_2 和氮氧化物最为普遍，它们不仅会对人类造成伤害，对植物也不利。但植物可以通过叶子张开的气孔吸收一定浓度范围内的有害气体，作为自身需要的元素之一。如 S 是植物氨基酸的组成部分，当 SO_2 被植物吸收后，形成亚硫酸和亚硫酸盐，再将亚硫酸盐慢慢氧化成硫酸盐。只要 SO_2 的浓度不超过植物能吸收的最大限度，就可以一直不断地吸收。夹竹桃、广玉兰、棕榈等树木都具有吸收 SO_2 的本领。不同树种的吸硫能力不同，其中落叶树＞常绿阔叶树＞针叶树；种植结构不同的绿地，单位面积吸硫量也有所差别，复层结构尤其乔木较多的绿地净化能力较强，多列行道树绿地亦优于单列行道树绿地。

植物除了能吸收大气中的 SO_2、氯气、臭氧、一氧化碳、氟化氢、氯化氢等有害气体外，对铅、汞等重金属和酮、醚、醛、苯酚及致癌物质安息香吡啉等的吸收能力也很强，同时还能阻隔放射性物质的辐射传播，起到过滤、吸收放射性物质的作用。

（4）降低噪声，美化环境

近年来，汽车、火车、船舶、飞机以及工厂和建筑工地产生的噪声已成为当今社会公认的城市公共危害之一。通常当噪声超过 70 dB（A）时，就会对人体造成危害，而在交通繁忙的城市干道上，噪声往往超过 100 dB（A）。为降低噪声给人们带来的危害，除了在声源上采取措施，还可以通过绿化的方式来减弱噪声。树木的树冠具有不同方向的枝条和分层的叶片，当噪声的声波射向树木这堵"绿墙"时，一部分会被反射，一部分由于射向树叶的角度不同而产生散射，使声音减弱甚至被完全吸收，一般被吸收的音量至少可达到1/4。[1] 同时，在声波通过时，树枝和树叶的振荡可使声波减弱并迅速消失；而且树叶表面的气孔和绒毛犹如多孔的纤维吸音板，对声音也有吸收作用。

---

[1] 何晓颖. 上海市主要道路绿带木本植物景观的现状研究——以浦西内环线范围内为例［D］. 南京：南京农业大学，2008.

树木减噪效果好坏关键在于树冠层，树叶的大小、厚薄、形状、软硬、叶面光滑程度以及树冠外缘凹凸程度等都与减噪效果密切相关。[①] 阔叶树的吸音能力强于针叶树，由乔、灌和地被组成的多层稀疏林带的吸音、隔音效果也明显优于单层宽林带。应用绿化减噪，应设置一定宽度的绿化带，在此基础上进行高密度的种植效果更佳。

（5）防风抗灾，保障安全

由于近年气候异常，台风侵袭沿海城市的次数增加，给人们的生命和财产安全带来巨大的威胁。行道树具有防风效果，其防风能力可在比树高 11 倍的范围内发挥作用。[②] 在沿海城市多栽植行道树，设立防风林带，能够有效降低台风的破坏力。同时，多植树也可以有效地防止水土流失。

许多植物具有树脂少、枝叶富含水分、较耐热或隔热等特点，这类植物本身不易着火，是良好的防火树种，如珊瑚树、八角金盘、海桐、罗汉松、夹竹桃、冬青、女贞、构骨、柳树和枫香等。如果在城市的房屋之间多列植或群植此类树种，可以有效阻挡火势蔓延。1871 年，美国芝加哥发生的大火导致城市三分之一的居所被烧毁，近 10 万人无家可归。在灾后重建规划中，芝加哥以设置公园和公园路的手段将建筑密度过高的市区分割开来，并在道路两旁种植耐火性乔木，以提高城市的防火避险能力。如今在应对地震灾害方面，作为城市绿地系统的重要组成部分、具有一定宽度的绿化道路，已成为许多城市（特别是地震多发地区）防灾的紧急避难通道。

4. 文化隐喻功能

我国行道树种植已有两千多年的历史，许多地方的行道树历经漫长岁月的洗礼，已成为所在地乡土文化的一部分。如山东孔庙有千年古柏作为行道树，杭州西湖五云山有 1400 多年的古银杏行道树，四川翠云廊有一万余株古柏行道树。

古树能记载一个地区的历史文化，乡土植物更能反映一个城市的地域特色和景观特点。乡土树种是指本地区天然分布的树种或者已引种多年且在当地一直表现良好的外来树种，[③] 能长期适应当地的气候和水土条件，是最能体现地域特色的树种。例如，北方地区的白杨树，岭南地区的榕树和棕榈科植物，南京的梧桐树（见图 1-2），广州的市树木棉树（见图 1-3）。

① 王绍增. 城市绿地规划［M］. 北京：中国农业出版社，2005.

② 陈相强. 城市道路绿化景观设计与施工［M］. 北京：中国林业出版社，2005.

③ 邓莉明. 关于广西乡土树种发展的思考［J］. 农家科技（下旬刊），2018（2）：185.

图 1-2　南京道路两边参天的梧桐树

来源：http://blog.sina.cn/dpool/blog/s/blog_61b56c560102v8l6.html.

图 1-3　广州沿江西路鲜花盛开的木棉树

来源：http://dy.163.com/v2/article/detail/CEJ1R8PB0514CA6V.html.

1.2　道路绿化的起源及发展

1.2.1　国外道路绿化的发展历程

根据史料记载，世界上最早的行道树种植于公元前 10 世纪。当时统治阶级出于军事上的需要，在喜马拉雅山山麓修建连接印度加尔各答和阿富汗的干道，并在路中央和左右两边各种植了 3 行树木，并称之为大树路（grand trunk）。[①]

公元前 8 世纪后半叶，古希腊在修建宫殿时以对称形式种植了松树和意大利丝柏，欧洲城市道路绿化建设初现雏形。[②]古希腊时期，为了遮阴，体育场四周大多植以高大乔木，雅典城大街也以悬铃木作行道树。古罗马在竞技场周边的散步道上种植悬铃木、月桂等树木，形成了林阴大道。

文艺复兴以前，欧洲各国对道路绿化的意识比较淡薄，只是简单地在散步道和户外广场旁栽植二球悬铃木。文艺复兴之后，欧洲城市道路绿化建设取得了长足的发展，一些国家还颁布了关于在道路上种植行道树的法令。1552 年，法国亨利二世率先颁布了在主干道两侧种植欧洲榆的相关法令。1625 年，英国在伦敦设置了公用散步道，并种植 4～6 排法国梧桐，开创了都市性散步道绿化的先河，成为当时国际上众多大都市设计林阴道的范例，日本购物街的设计也是从中获得灵感的。1647 年，欧洲著名的菩提树林阴大道（unter den linden avenue）建成于德国柏林，街道两侧种植了椴树（被误译为菩提树）和核桃树（见图 1-4），这条林阴大道为日后法国园林大道的建设提供了借鉴。[③]

图 1- 4　德国菩提树林阴大道

来源：http://blog.sina.com.cn/s/blog_6793859f0100mirj.html.

---

① 郑伟. 东莞市城区道路植物应用调查与分析［D］. 广州：华南农业大学，2016.

② Jim C. Y. A planning strategy to augment the diversity and biomass of roadside trees in urban Hong Kong ［J］. Journal of Architectural Engineering, 1999, 44（1）：13-32.

③ Fukahori K, Kubota Y. The role of design elements on the cost-effectiveness of streetscape improvement ［J］. Landscape and Urban Planning, 2003, 63（2）：75-91.

18 世纪后期，奥匈帝国政府颁布了一项法令，要求必须在国道两旁种植樱桃、苹果、波斯胡桃和西洋梨等果树作为行道树。至今，这种传统特色在匈牙利、捷克、德国、塞尔维亚和黑山等国仍有保存。

18 世纪末至 19 世纪初，法国相继颁布了枢密院令、国道及县道行道树管辖法令及行道树栽植法令等一系列政策，其中涉及行道树的树种选择、栽植位置、树木砍伐与修剪等绿化事宜。[①]

19 世纪中后期，欧洲各国拆除中世纪古城墙，建造了以景观为主要功能的环状街道或园林大道，使城市焕发活力。1856 年，作为巴黎改造的重要一环，一条美丽的林阴大道在布洛涅林苑（Bois De Boulogne）与市区之间建成，中央马车道宽 39 m，两侧设有绿化带，并规定沿街建筑物全部后退至道路红线 10 m，[②] 现被称为福熙大街（Avenue Foch）。1858 年扩建的巴黎香榭丽舍大道（见图 1-5、图 1-6）更是近代林阴大道的经典之作，对欧洲各国的道路绿化建设具有重要的影响作用。

图 1-5 1890 年的香榭丽舍大道

来源：覃文超.《城市景观大道街景设计方法研究》.

① 梁平. 衡水市主要道路绿地植物景观调查与分析 [D]. 保定：河北农业大学，2013.
② 徐文斐. 城市道路景观设计初探 [D]. 苏州：苏州大学，2012.

图 1-6　现在的香榭丽舍大道

来源：https://www.meet99.com/jingdian-VilledeParis-50941.html.

图 1-7　现在的伊斯顿公园路

来源：https://zhuanlan.zhihu.com/p/21390999.

19 世纪中期，随着城市的迅速扩张和自由贸易的发展，美国城市交通量增长迅猛，城市沿着道路向外延伸。格子状街区规划成为当时的主流，缺少树木的街道割裂了城市的整体性，使得城市景观单调而缺乏活力。因此，19 世纪下半叶美国出现了城市公园运动，促使城市公园从独立个体向公园系统（park system）发展，即由公园（包括公园以外的开放绿地）和公园路（park way）所组成的系统。[①] 通过连接公园绿地和公园路的方式，可以达到保护城市生态系统，增强城市居住舒适性，促进城市良性发展的目的。1870 年，由美国著名规划师和风景园林师奥姆斯特德和沃克斯设计的世界上第一条公园路——伊斯顿公园路（Eastern park way）开始在布鲁克林市展开建设，道路总宽度为 78 m，中央是 20 m 宽的马车道，两边种植行道树，再往外则是人行道（见图 1–7）。

"十月革命"后，苏联道路绿化建设成效显著，除了对林阴道的最低规模和功能进行了规定，还建立了道路绿化构成系统，并在多个城市修建了街头游园和绿化广场。[②]

现在，许多西方国家的道路绿化建设十分注重对原有大树和绿化风格的保留。有些城市虽然历史较短，但树龄却较长，林阴大道至今仍保存着原有的大树。有的在林阴大道中设置购物场所或发展为公园，为市民提供休憩活动场所。

1.2.2 国内道路绿化的发展历程

我国道路绿化历史悠久，最早可追溯至周朝，当时是以行道树的形式出现，被称为并木、列树、行树、路树。行道树的种植在周朝早已成为一种制度，《国语·周语》中记载单襄公语："周制有之曰：'列树以表道，立鄙食以守路。'"。[③] 意指周朝的制度规定在道路两旁成列栽植乔木，用以标识道路方向。《周礼·秋官》亦有记载："野庐氏：掌达国道路，至于四畿，比国郊及野之道路、宿息、井、树。"这里的"树"指的是行道树，周朝设有野庐氏一职以掌管国都通向四畿的道路，考察近郊、远郊及野地的道路状况，负责行道树的种植与栽培。这一时期行道树的主要作用是标识道路，指示方向，提供行人遮阴休息之地。

公元前 221 年，秦始皇统一六国，次年下令修筑以咸阳为中心、通向全国各地的驰道，开始了行道树的大规模种植。《汉书·贾山传》有云："秦为驰道于天下，东穷燕齐，南极吴楚，江湖之上，滨海之观毕至。道广五十步，三丈而树，厚筑其外，隐以金椎，树以青松。为驰道之丽至于此，使其后曾不得邪径而托足焉。"秦广修驰道，道路宽五十步（折合今制约 69.6 m），[④] 路中央是天子车道，宽三丈（1 市丈合

---

① 路遥. 大城市公园体系研究——以上海为例［D］. 上海：同济大学，2007.
② 王浩. 城市道路绿地景观设计［M］. 南京：东南大学出版社，1999.
③ 左丘明. 国语·周语中［M］. 郑州：中州古籍出版社，2010.
④ 广东省质量技术监督局. 广东省计量史 1949—2009［M］. 北京：中国质检出版社，2014.

$3\frac{1}{3}$ m，此处即 10 m），车道两侧种植青松，以标明中道的路线（见图 1-8）。古蜀道中的"翠云廊"是当时驰道中保存最好且至今留传下来的道路，经过历朝历代的修葺，现已成为国家 AAAA 级风景区。"翠云廊"古称皇柏大道，在道路两旁种上成排的松柏，如今保存约有 1.3 万株古柏，是世界上罕见的人工种植最早、规模最大的行道树群，被誉为世界奇观。

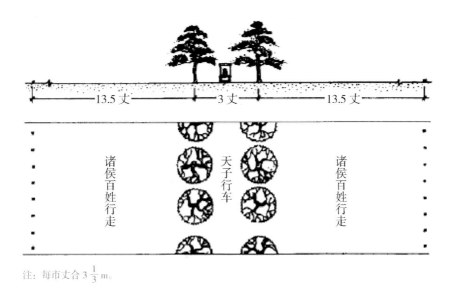

注：每市丈合 $3\frac{1}{3}$ m。

图 1-8　秦驰道布置推想图
来源：王浩.《城市道路绿地景观设计》.

汉代，长安城生态环境优良，街道宽广，对行道树的生长十分有利，道路绿化规模大幅扩张。《后汉书·五行志》中接连提到"三年五月癸酉，京都大风，拔南郊道梓树九十六枚"。"灵帝建宁二年四月癸巳，京都大风雨雹，拔郊道树十围已上百余枚。"由此可见，当时行道树的种植数量之多以及长势之好。这时对树种的选择也有了更高的要求，倾向于选用适应性强、树形高大、枝繁叶茂的树种。西汉长安城几乎所有的街道都成行种植槐、榆、松、柏、杨等行道树，东汉洛阳街道两侧则植有栗、漆、梓、桐等行道树。"白杨何萧萧，松柏夹广路""树宜槐与榆，松柏茂盛焉"的情形普遍可见。此外，在这些高大乔木中也间种比较矮小的果树，以增加道路绿化的丰富度，东汉宋子侯的《董娇娆》诗云："洛阳城东路，桃李生路旁。花花自相对，叶叶自相当。"同时，汉代还非常重视树木的养护管理工作，明文规定大匠"掌修作宗庙、路寝、宫室、陵园木土之功，并树桐梓之类列于道侧"。

魏晋南北朝时，大道上也种植槐、榆树。陆机《洛阳记》云："宫门及城中大道皆分作三，中央御道，两边作土墙，高四丈。……夹道种榆槐树。"《魏都赋》也说洛阳城"罗青槐以荫涂"。南北朝首都建康城（今南京）的平面布局是曲折而不规则的，但中间的御道砥直，在御道两侧的御沟旁植柳树，有"非蓂夹驰道，垂杨荫御沟"的记载。① 北魏平城在正对宫城大道上开两条御沟，引水灌溉，沿沟植柳树。《水经注》有："弱柳荫街，丝杨被浦。"行道树用来标记公路里程，为行人提供绿荫，"一里种一树，十里种三树，百里种五树"，《邺中记》中记载："襄国邺路千里之中，夹道种榆。盛暑之月，人行其下。"左思《吴都赋》载："驰道如砥，树以青槐，亘以渌水。"可见这时不仅在道旁种植槐树，还设有灌溉水渠，这比秦汉时期更进一步。

大体而言，在汉代至南北朝间，都城御道多用水沟或土墙分隔成三道，在沟旁栽柳，路旁种植槐榆。

到隋唐后，道路绿化建设进入一个新的高度，随着道路网的形成，道路绿化逐渐规范化。② 隋唐时期的主要街道仍以种植槐树为主，间植榆、柳，长安承天门至朱雀门的天街两旁因种植有大量槐树，被人称作"槐街"或"槐衙"，百姓歌之曰"长安大街，夹道杨槐"。在原有树种的基础上，还别开生面地运用了樱桃、石榴、李子树等观花观果树种，丰富了道路绿化效果，给后来的道路绿化建设带来了一定的影响。隋建东都洛阳，正对宫城正门的大街"道旁植樱桃、石榴两行，自端门至建国门，南北九里，四望成行"。唐玄宗二十八年（739年）曾在两京（长安、洛阳）道路及城中种植果树，唐刺史郑审在巡检这项工作后著有《奉使巡检两京路种果树事毕入秦因咏》。③ 从唐代开始，官府对行道树严加管理与保护，关于道路绿化的法律逐渐增多，出现"禁城内之六街种树""令两京道路并种果树""诸道路不得有耕种及斫伐树木"等法令。其中唐玄宗的"路树制度"强调多层次、乔灌搭配的植物造景形式，开创性地将绿化形式由单一列植提高到植物造景的层次④，成为中国道路绿化历史上的一个里程碑。

宋代的道路绿化在植物造景上开始强调四季有花的季相变化，将传统的绿化形式发展到相当丰富的程度。北宋东京（今开封）在宫城正门的御街，用水沟将路分隔成三道，"沟中宣和间尽植莲河，近岸植桃、李、梨、杏，杂花相间"。南宋临安（今杭州）的御街与两侧"走廊"之间夹着一条用砖石砌成的河道，河里广植莲藕，河岸遍栽桃李，营造了春夏桃李梨杏等花木相继开放，夏日荷莲飘香，秋季果实累累的景象。⑤ 这种利用季相变化带来不同景观效果的造景手法对现代道路绿化有着非常深远的影响。

元、明两代都对植树非常关注，都城树木林立，一派生机勃勃的景象。忽必烈曾命令在北京城内植树，《马可·波罗游记》载有"命人沿途植树"，在忽必烈的倡导

---

① 刘铁冬. 城市道路绿带的设计研究［D］. 哈尔滨：东北林业大学，2004.

② 郑伟. 东莞市城区道路植物应用调查与分析［D］. 广州：华南农业大学，2016.

③ 潘谷西. 中国古代城市绿化的探讨［J］. 南工学报，1964（1）：29-42.

④ 祝遵凌，芦建国，胡海波. 道路绿化技术研究［M］. 北京：中国林业出版社，2013.

⑤ 邱巧玲，张玉竹，李昀. 城市道路绿化规划与设计［M］. 北京：化学工业出版社，2011.

下，皇宫附近"满植树木，树叶不落，四季常青"。[①] 在丽正门内千步廊"旁近高柳，郁郁万株"，在厚载门有"雪柳万株"，而琼华岛是"山下万柳"。明代朱元璋特别重视南京城的绿化，曾设漆园、桐园，以提倡植树。[②]

清代除在城内植树外，还关注两城绿化带之间的连接。[③] 乾隆时期的道路绿化建设发展较快，"正阳门外最堪夸，王道平平不少斜，点缀两边好风景，绿杨垂柳马缨花"，则是对清朝北京前门大街路旁不同树木混栽在一起的独特景象的描述。清朝中期以后，随着西方列强的入侵和国门的开放，我国一些沿海城市在新建街道上引进一些外来树种作为行道树，如意大利黑杨、二球悬铃木、植于青岛的刺槐和栽于上海法租界的法国梧桐等。

自中华人民共和国成立以来，在政府政策的指引下，我国道路绿化建设形成了路成网树成行的新局面，城市环境得到了很大的改善，城市品质也得到提升。改革开放后，我国经济发展突飞猛进，城市道路绿化建设空前发展，不仅从功能上下功夫，还突出其观赏性和生态性。在现代园林理论和道路绿化美化设计的指导下，道路绿化打破了传统的"一条道路两行树"的简单模式，衍生出行道树绿化带、分车绿带、路侧绿带、街头绿地和立交桥绿化等多种形式。[④] 植物配置模式也更加丰富，从单一行道树列植到多层次的植物群落搭配，运用一些开花植物和乡土树种，增加树种的多样性，打造层次丰富、色彩多样的道路绿化景观，由此造就了我国一批高质量的景观大道。例如深圳的深南大道、滨海大道、北环路，上海的世纪大道，北京的长安街等。

1.3　华南地区道路绿化的现状及存在问题

华南地区（简称华南），是中国七大地理分区之一，位于我国南部。广义上的华南地区包括广东省、广西壮族自治区、海南省、香港特别行政区和澳门特别行政区，在本书中，主要讨论的是华南地区的广东省、广西壮族自治区和海南省。华南地区范围宽广，城市众多，道路纵横交错，行道树千姿百态，由于篇幅所限，在此只介绍华南地区有代表性城市的道路绿化现状。

1.3.1　广州市

中华人民共和国成立前，广州大部分道路狭窄，路面质量差，只在少数路上植树

① 马彦章. 漫谈我国古代城市的绿化［J］. 古今农业，1991（2）：29-33.
② 李梦婷. 怀化市城市绿化现状与规划建设研究［D］. 长沙：中南林业科技大学，2015.
③ 马军山，张万荣，宋钰红. 中国古代城市绿化概况及手法初探［J］. 林业资源管理，2002（3）：54-56.
④ 陈福美. 苏州市主城区道路绿地人工植物群落调查研究［D］. 南京：南京林业大学，2008.

（见图 1–9）。中华人民共和国成立初期，广州的道路绿化建设以恢复为主，主要种植小叶榕等冠大阴浓的树种作为行道树（见图 1–10）。20 世纪 80 年代，随着城市化的快速发展，广州的道路建设迈入大发展阶段，主要种植树种由棕榈科植物转向阔叶常绿树种，创建了一批绿化面积大、景观层次丰富且路面宽阔的现代化城市道路，如现在仍保留完好的白云路、滨江路、流花路等。

图 1–9　中华人民共和国成立前东山街旧景

来源：广东省档案馆 da.dg.gov.cn.

图 1–10　中华人民共和国成立后建设的白云路道路景观

来源：广东省档案馆 da.dg.gov.cn.

21 世纪第一个五年，广州道路绿化建设发展迅速。在国外设计理念的影响下，广州开始流行规则式的道路绿化模式，强调几何式的图案美。在平面规划上多采用中轴对称的布局形式；广场、花池和园地划分多采用几何形体；树木配置以等距离行列式、对称式为主，花木整形修剪成一定图案，行道树排列整齐、美观。临江大道、广园东路（见图 1-11）和广州东站广场均是这一时期的代表作。

图 1-11　广园东路中间分车绿带

来源：董瑶.《广州市珠江新城城市主干道绿化景观的调查与评价》.

2005—2010 年，"生态广州""四季常绿，三时有花""自然式种植不得修剪"等理念开始流行，广州道路绿化模式从规则式种植转向了自然式种植。群落式种植模式被广泛地运用到道路绿化建设之中，无论是中间一、二米宽的分车绿带，还是旁边数十米宽的路侧绿带，均密集地种植了三层以上的植物，且这些绿地植物一律不得修剪。为了将广州打造成"花城"，还在各个层次的植物造景中大量使用了强阳性开花植物。由于过于追求自然式的风格和立竿见影的效果，而无视绿化空间的大小，一律进行自然式密植，没有预留植物的生长空间，使得广州道路上丰富的群落景观在短短 3 年后就变得杂乱无章、病虫害多发，严重影响广州的市容。

2010 年以后，广州在对北京、上海、杭州、新加坡等城市的道路绿化进行考察学习的基础上，总结以往自然式种植的经验教训，摸索出以通透的疏林草地风格为主的道路绿化种植模式：对原有杂乱的植物进行清理（透绿）—修整地形（堆坡）—点缀大规格乔木（点睛）—在节点位置种植时花或彩叶地被（彩妆）。^①经过改造后的广州道路绿化景观疏朗自然、清新宜人，大大提升了城市环境品质。

广州市是亚热带沿海城市，属海洋性亚热带季风气候，全年水热同期，雨量充沛，植被以常绿阔叶林为主。经过多年有计划的绿化建设，截至 2017 年底，全市建成区绿地率 37.45%，绿化覆盖率 42.54%，人均公园绿地面积 17.06 m²，绿道总里程 3 400 km。^②相关统计资料显示，广州 2016 年已建成道路长度共 7 559.02 km，其中快速路 104.78 km，主干路 864.78 km，总道路面积 11 515.40 hm²，人行道面积 2 232.32 hm²，人均道路面积 8.64 m²。^③

根据对广州市天河、越秀、荔湾、海珠和经济技术开发区等区域的 198 条道路的调查研究可知，广州城市道路绿化常用乔木有 120 多种，灌木与草本植物 200 余种，其中，行道树以常绿阔叶乡土树种为主，其常绿树种的比率甚至高达 90% 以上。^④优势树种为细叶榕、大叶榕、红花羊蹄甲、宫粉紫荆、芒果、扁桃、盆架子、麻楝、海南蒲桃、人面子等。

这两年广州市持续推进道路绿化改造升级建设，运用主题树、点缀绿墙等手段开拓绿化空间，实施重点路段园林景观品质提升工程，打造东风路、机场高速等 24 条特色道路景观主干道。2018 年在广深高速、广清高速、龙溪大道、西南环花地大道和东南西环浔峰洲出口等城市出入口增种宫粉紫荆、木棉、凤凰木等主题开花乔木，建设具有广州鲜明特色的城市出入口景观。

1.3.2 深圳市

深圳是我国建立的第一个经济特区，也是改革开放的窗口城市，凭借优越的地理位置和扎实的经济基础，在园林建设领域形成了自己独特的风格并具有鲜明的地域文化特色，在道路绿化营造方面的水平处于全国领先地位。2011 年至 2016 年，深圳的城市建成区绿地率与绿化覆盖率一直分别维持在 39.2% 和 45%，而人均公园绿地面积则在 16.50～16.90 m² 之间。到 2016 年底，深圳城市道路总长为 6 556.00 km，总道路面积 11 920 hm²，人均道路面积 10.00 m²。^⑤

深圳的城市道路绿化设计主要根据道路的功能特点和景观要求，运用南亚热带

① 宁绮珍. 广州市城市道路绿地景观设计研究［D］. 广州：华南理工大学，2012.

② 广州市林业和园林局. 2017 年广州市林业和园林局有关绿化统计数据［EB/OL］. http://www.gzlyyl.gov.cn/slyylj/zwgk_sjfb/201811/2b2eb0c73a42479a9de764a346cffb00.shtml，2018-04-04.

③ 广州市统计局，国家统计局广州调查队. 广州统计年鉴 2017［M］. 北京：中国统计出版社，2017.

④ 周萱. 广州城市道路绿化树种配置调查与评价［D］. 广州：仲恺农业工程学院，2013.

⑤ 深圳市统计局，国家统计局深圳调查队. 深圳统计年鉴 2017［M］. 北京：中国统计出版社，2017.

地区丰富的植物资源进行合理的配置，营造色彩斑斓、富有活力的植被景观（见图1-12）。城市道路绿化形式多样，植物种类丰富，其中主要运用的乔木种类有盆架子、芒果、扁桃、人面子、小叶榕、高山榕、桃花心木、秋枫、香樟、麻楝和红花羊蹄甲、美丽异木棉、黄槐、凤凰木等观花植物。

图 1-12　深圳市深南大道

1.3.3　南宁市

南宁市位于广西南部，是广西壮族自治区首府及政治、经济、文化中心，地处亚热带南部、北回归线以南，属湿润的亚热带季风气候。南宁市政府一直把加强城市绿化作为一项重要的战略任务，深入贯彻"生态立市，绿色发展"理念，持续开展"美丽南宁"大行动和"中国绿城"提升工程建设，2016 年获批成为"全国首批，省会唯一，七城之一"的国家生态园林城市。至 2017 年底，南宁市建成区绿地率 36.5%，绿化覆盖率 42.3%，人均公园绿地面积 11.91 m^2。[①] 在道路建设方面，建成道路总长度达1 748.74 km，道路面积 4 775.65 hm^2，重点打造了五象大道（见图 1-13）、荔滨大道、白沙大道等绿化示范道路。在绿化植物的选择上，除了常绿阔叶树种，还增加了观花观果植物，体现了南宁市"花开四季""果树上街""棕榈婆娑""绿中飘香""绿树成荫"的道路绿化特色；但仍存在骨干树种、主要树种、一般树种的比例失衡和果化特色不够等问题，如扁桃等乡土树种作为骨干树种的比例偏少，而芒果、扁桃、木菠萝等果树在数量、地点使用上也存在不足。

---

① 广西壮族自治区统计局. 广西统计年鉴 2018［M］. 北京：中国统计出版社，2018.

图 1-13 南宁市五象大道

1.3.4 海口市

海口市位于海南岛北部，地处低纬度热带北缘，属于热带海洋气候，全年日照时间长，辐射能量大。海口拥有"中国优秀旅游城市""国家园林城市""国家环境保护模范城市"等荣誉称号，还荣获住房和城乡建设部颁发的"中国人居环境奖"。截至 2016 年 12 月底，全市建成区绿地面积 5 038 hm²，绿地率 35.80%，绿化覆盖面积 5 665 hm²，绿化覆盖率 40.30%，人均公共绿地面积 12.10 m²。[①]

2016 年，海口市市政建设以"双创"为总抓手和动力，加快城市路网建设，推进主要干道景观提升工程。至 2016 年年底，全市市政道路共 303 条，长度为 440.10 km，总面积 1 831.50 hm²（车行道 1 176.30 hm²，人行道 376.50 hm²，分车带 278.70 hm²）。椰子树是海口的市树，在海口市政府及相关部门多年的努力下，海口的道路绿化建设基本形成了以椰子树等棕榈科植物为主（见图 1-14），配以常绿乔木和四季开花的树木花卉，点、线、面、带、环结合的总格局。[②]然而，目前在植物配置方面，树种规划仍有所欠缺，行道树品种也不够丰富，难以形成"一路一主要树种、一路一特色景观"的道路绿化特色。

---

① 海口市地方史志办公室. 海口年鉴 2017［M］. 海口：海南出版社，2017.
② 高联红，尹俊梅，潘鄯. 海口市城市道路绿地景观特色探析［J］. 热带农业科学，2008，28（5）：83-88.

图 1-14　海口市滨海大道

1.3.5　华南地区道路绿化普遍存在的问题

从当前华南地区的道路绿化现状来看，许多城市的道路绿化建设都取得了较好的成绩，改变了早期单一的绿化形式，通过乔、灌、花、草之间的组合配置，提高了城市道路的绿化量和绿化率，营造了优美的道路环境景观。广州、深圳、南宁、海口等城市还持续进行道路绿化改造工程建设，打造具有本土特色的景观大道，提高道路绿化美化水平。总的来说，华南地区的道路绿化已基本实现对城市公园、居住区和其他公共绿地的有机相连，并取得了不错的绿化效果，但客观来说，依然存在以下几个问题：

1. 道路建设与绿化建设相脱节，缺乏统一的规划设计

我国的道路规划建设和道路绿化建设分属于不同的单位，往往先建道路后绿化。大多数城市在进行道路总体规划时并没有将道路绿地系统纳入考虑范围，未能预留合理的绿化用地，只能在道路建成后根据现有场地进行绿化设计。因而导致道路建设与绿化建设之间相对孤立，道路绿化规划因此也做不到整体性的考虑。同时，道路绿化建设滞后于道路建设，这也容易导致绿化成本增加、绿地立地条件差、对路面造成一定的破坏等一系列问题。

2. 道路植物雷同，缺乏景观识别性

同在华南地区，许多城市之间具有一定的地域共性，在植物选材上也类似，因而道路绿化景观容易趋同，未能很好地突显城市特色，而且同一座城市的道路绿化植物选择也相当集中，配置植物过于模式化，往往出现千篇一律的现象，导致道路的景观

识别性不高。

3. 植物配置不尽合理，观赏性不够

道路绿化在植物配置上常常出现以下几点问题：部分道路植物应用种类单一，景观单调，缺乏层次感；有些道路的绿化品种过于繁杂，种植方式过于混乱，没有形成统一的景观效果；植物配置只重视近期效果而忽略远期规划；观花观叶等观赏性植物种类较少，应用频度低，不能形成花开花落、树影婆娑的效果，城市道路景观季相变化不明显。总而言之，有些城市在道路植物配置上未能很好地根据城市特色和道路状况进行合理的植物景观设计，道路绿化景观观赏性不足。

4. 重建设，轻管理，后期养护不足

许多城市在进行道路绿化建设时只注重栽植环节，而忽视了后期的管理和养护。道路养护机械设备陈旧，费用投入不足，绿化队伍良莠不齐，从而出现杂草丛生、树木生长不良、植物修剪不及时、枯死植物缺株后未能得到补栽等状况（见图1-15），使得景观效果大打折扣。

杂草丛生

大王椰子树未及时修剪，枝叶老化

草皮死亡，黄泥裸露

落叶未及时清理

图1-15 道路绿化养护不足而出现的问题

1.4　城市道路绿化发展趋势

1.4.1　城市绿道建设

　　绿道一词最早由美国著名环境作家威廉·H.怀特提出，而查理斯·莱托在《美国的绿道》中对其概念做了进一步解释，将其定义为沿河流、山谷等自然生态廊道以及废弃铁轨、景观步道等人工廊道所形成的线形开放空间，包括所有可供行人和骑车者进入的自然风景线路和人工景观线路。[①] 绿道的建设基本上无需占用建设用地指标，具有经济、高效等优点。面对 21 世纪以来日益加剧的人类活动与环境承载力之间的矛盾，绿道正是协调人与自然、城市发展与环境保护之间的关系，以及建设生态宜居城市的关键突破口。国内外多年来的绿道建设实践也证明了绿道能起到平衡自然生态与人类活动的作用，是保证城市可持续发展的有效举措之一。可见，将绿道引入城市建设是有必要的，将绿道在全国范围内连通形成综合性的绿道网络，实施大环境绿化是国内外道路绿化发展的总趋势。

　　自 2008 年广州增城率先建成 500 km 长，集生态、休闲为一体的绿道后，我国在全国范围内，特别是珠江三角洲、长三角地区，掀起了建设绿道的热潮。这些城市绿道主要由人行道、自行车道等非机动车游径，以及休息站、租车店、旅游商店等游憩配套设施及一定宽度的绿化缓冲区构成，为城市居民提供更多亲近自然、欣赏自然的户外活动空间，缓解紧张的都市生活带来的精神压力，使人们身心愉悦。

1.4.2　自然生态型道路绿化

　　建设部从 1992 年开始在全国范围内开展园林城市创建活动，制定了《国家园林城市评选标准》，2012 年在此基础上提出创建"国家生态园林城市"的更高要求，对城市生态环境质量的评估极为重视。

　　生态园林是近二十年来我国园林学界结合生态学理论和方法提出的理念，认为"生态园林主要是指以生态学原理为指导（如互惠共生、生态位、物种多样性、竞争、化学互感作用等）所构建的园林绿地系统。在这个系统中，因地制宜地将乔木、灌木、草本和藤本植物配置在一个群落中，种群间相互协调，有复合的层次和相宜的季相色彩，不同生态特性的植物能各得其所，能够充分利用阳光、空气、土地空间、养分、水分等，形成一个和谐有序、稳定的群落"。[②③] 从生态园林定义来看，生态园林已突破传统园林的边界，拓展到城市绿地系统这个层面来，自然也覆盖了城市道路

① Little，Charles E. Greenways for America［M］. London：Johns Hopkins UniversityPress，1990.

② 王祥荣. 生态园林与城市环境保护［J］. 中国园林，1998（2）：14-16.

③ 王浩. 城市生态园林与城市绿地系统规划［M］. 北京：中国林业出版社，2003.

绿地的内容。

如今，人们已不再满足几排树、几块绿地的简单绿化建设，而要求其必须是美观的、可持续发展的、人与自然相和谐的状态。我国许多城市的道路绿化设计早已意识到这方面的需求并付诸行动，在实践中探索适合自己的道路绿化模式。华南地区的珠海和南宁两个城市就取得了不错的成效，于2016年被住建部命名为生态园林城市。

1.4.3 节约型道路绿化

随着城市建设步伐的加快，城市土地资源、能源、水资源等的需求量大幅增加，城市的生态环境面临巨大的压力。而不少城市却在盲目追求建设"森林城市"，出现了不顾生态发展规律，大量引进外来植物、移种大树古树、反季节栽种等现象。此类"重视觉形象、轻环境效益"的园林绿化造成了植物、水和土地资源的浪费，破坏了城市自然生态环境，加剧了社会发展与自然资源之间的矛盾。由此可见，实施节约型园林绿化已迫在眉睫，走节约型城市道路绿化景观之路是城市可持续发展的趋势。

节约型道路绿化就是用最少的钱、最少的地和最少的水，选择与道路周围生态环境相融合的道路绿化模式。建设节约型道路绿化一要节约资金，坚持高标准规划设计和高质量的施工，注重新技术的开发与研究，用最少的钱造更多的"绿"；二要节约用地，最大限度地提高土地的利用率，提倡立体绿化、墙体绿化、见缝插"绿"等，保护自然生态环境；三要节约用水，选择适应性强的乡土树种，培育种植抗旱植被，推广滴灌技术。在道路绿化规划设计、施工、养护管理等各个环节最大限度地节约各种资源，使得道路绿化建设在满足道路的行车安全性、经济性和舒适性的一般要求的基础上，实现道路景观的绿化美化，给予广大市民愉悦、舒适和美的享受。

第 2 章　城市道路绿化的基础知识

2.1　道路的特点及其绿化组成

2.1.1　城市道路的特点

道路是供各种车辆和行人通行的工程设施。由于每个城市的规模、地理环境及城市职能不同，其交通设施也有所差异。城市道路是"面"的交通，与水上交通、航空交通与铁路交通等"点""线"形式的交通不一样，能直接深入到城市的各个角落，具有较大的灵活性与机动性。城市道路绿化设计要统筹考虑城市道路的组成、分布和交通功能，所以要做好城市道路绿化设计，必须先了解城市道路系统的状况、分类和特点。

城市道路的特殊地位和功能使得城市道路有别于公路、矿区道路等其他道路，具有以下特点：

1. 功能多样，组成复杂

除了最基本的交通功能外，城市道路还具有城市结构功能、公共空间功能和防灾救灾功能等，在适当的地方安排停车场、市政设施（自来水、污水管等）、城市艺术轴线、城市通风和环境保护等。因此，在进行城市道路网规划布局和道路设计时，需要综合考虑各方面的因素，兼顾其功能多样性的要求。另外，城市道路的组成相较于一般公路更显复杂，除机动车道外，还包括非机动车道、人行道、停车场、道路绿带、设施带、地下管道等，这将不可避免地给道路规划设计带来一定的难度，在进行道路横断面设计时应灵活布置。

2. 道路交叉口多

纵横交错的道路组成城市的道路网，必然也会形成众多的道路交叉口，这也是城市道路的一个显著特点。就一条干道而言，大的交叉口间距为 800～1 200 m，中小交叉口为 300～500 m，有些"丁"字形出入口的间距则可能更短些。这些频繁的道路交叉口会制约车速、降低道路的通行能力，若要提高通行能力，必须进行合理的道路交叉口设计。

3．行人、非机动车交通量大

城市道路上有各种类型车速不一、相互干扰的机动车和非机动车，在商业区、车站、娱乐场所等繁华地带还集中了大量的行人。公路或其他道路在设计中往往只考虑机动车辆，而城市道路还需考虑大量的非机动车和行人带来的问题，并需要在规划设计和交通组织管理上进行妥善处理。

4．沿路两侧建筑物密集

随着城市道路的建成，沿路两旁各种建筑物很快拔地而起。而一旦这些建筑物建成，就很难拆迁，道路的宽度也难以再拓宽，因此在规划道路宽度时不能只顾及近期需求，必须将中远期规划纳入考虑范围，严格控制好道路红线。此外，还需协调道路与周边建筑物的关系，特别是道路与建筑物出入口之间的关系。

5．景观艺术要求高

从城市总平面布局来看，城市干道网就像城市的骨架，在很大程度上决定了城市的布局是否合理、美观。城市环境景观和建筑艺术也只有在道路的映衬下才能得到更充分的体现。所以，城市道路除本身景观效果好外，还应与周围的自然景观、人文景观相互配合，才能取得良好的艺术效果，体现城市景观特色。

6．城市道路规划、设计影响因素多

城市道路不仅承载着人与车的交通空间，还是照明、绿化、防火及各种市政设施的布置范围。在道路规划、设计上必须综合考虑各种因素，协调好地下管道设施与地上道路设施之间的关系。

7．政策性强

城市道路网规划和道路设计涉及城市定位、城市发展规模、城市规划修编、工程造价、房屋拆迁、土地征用等问题，牵扯许多相关的方针与政策。[1] 所以，城市道路规划设计是一项政策性很强的工作，必须服从城市总体规划，切实贯彻有关法规、方针和政策。

2.1.2 城市道路的分级

道路按照其适用范围可分为公路、城市道路、矿区道路、林区道路和乡村道路等。本书主要讨论的是城市道路，而城市对外交通还有高速公路、公路、国道、省道等。其中高速公路在连接城市间的作用尤为突出和重要，所以本书也将高速公路纳入讨论范围。

我国原有行业标准《城市道路设计规范》（CJJ 37—1990）按照道路在城市中的地位、位置、交通功能与性质以及对沿线建筑物的服务功能等将城市道路分为快速路、主干路、次干路和支路。除快速路外，还将每类道路按照所占的城市规模、设计交通

---

① 周荣沾主编. 城市道路设计［M］. 北京：人民交通出版社，1988.

量、地形等分为Ⅰ、Ⅱ、Ⅲ级。后来，《城市道路工程设计规范》（CJJ 37—2012）将道路分为快速路、主干路、次干路和支路四个等级，每一级道路的车速分三个档次。城市道路分级及主要技术标准见表 2-1。

表 2-1　城市道路分级及主要技术标准

等级	设计车速 / (km·h⁻¹)	双向机动车道数 / 条	机动车道宽度 /m	分隔带设置	横断面采用形式	设计使用年限 / 年
快速路	60～100	≥ 4	3.50～3.75	必须设	双、四幅路	20
主干路	40～60	≥ 4	3.25～3.50	应设	三、四幅路	20
次干路	30～50	2～4	3.25～3.50	可设	单、双幅路	15
支路	20～40	2	3.25～3.50	不设	单幅路	10～15

资料来源：全国二级建造师执业资格考试用书编写委员会.《市政公用工程管理与实务》.

1. 快速路

快速路是指"在城市内修建的，中央分隔、全部控制出入、控制出入口间距及形式，具有单向双车道或以上的多车道，并设有配套的交通安全与管理设施的城市道路"。[①] 快速路主要为城市大规模、快速和长距离的交通服务，保证汽车连续通行，提高城市内部运输效率。

2. 主干路

主干路以交通功能为主，连接城市各主要分区，是城市主要交通枢纽。主干路两侧不宜修建吸引大量车流或人流的公共建筑物的出入口。当非机动车和行人的交通量较大时，宜采用三幅路或四幅路等形式进行分流。

3. 次干路

次干路是城市的一般性道路，与主干路组合形成城市的干道网，以集散交通的功能为主，兼有服务功能。次干路沿路两侧可设置公共建筑物、公共交通站点或停车场等。

4. 支路

支路是城市次干路和城市主要住宅区之间的连接线，主要解决局部地区交通，以服务功能为主。支路可不划分车道，但应符合公共交通线路的要求，可与快速路的平行道路相接，但不能直接与快速路相连。

2.1.3　城市道路绿地的组成

道路绿地是指道路及广场用地范围内的绿化用地，分为道路绿带、交通岛绿地、

① 中华人民共和国住房和城乡建设部. 城市快速路设计规程（CJJ 129—2009）[M]. 北京：中国建筑工业出版社，2009.

广场绿地和停车场绿地。其组成见图 2-1。

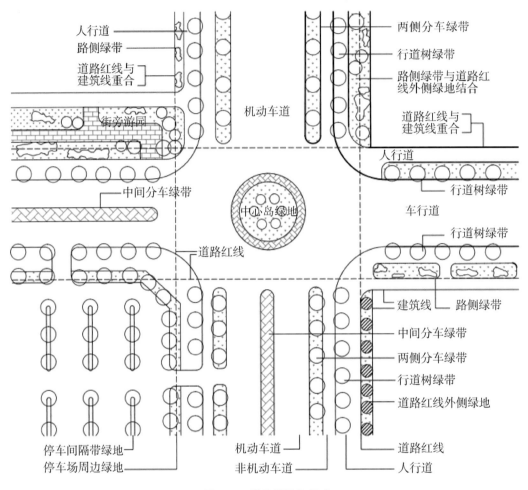

图 2-1　道路绿地的组成

1. 道路绿带

道路绿带指道路红线范围内的带状绿地，根据其分布位置可分为分车绿带、行道树绿带和路侧绿带。

①分车绿带：车行道之间的绿化分隔带。处于上下行机动车道之间的为中间分车绿带；处于机动车道与非机动车道之间或同方向机动车道之间的为两侧分车绿带。

②行道树绿带：布设在人行道与车行道之间，以种植行道树为主的绿带。

③路侧绿带：在道路侧方，布设在人行道边缘至道路红线之间的绿带。

2. 交通岛绿地

交通岛绿地指可绿化的交通岛用地，分为中心岛绿地、导向岛绿地和立体交叉岛绿地。

①中心岛绿地：位于交叉路口上可绿化的中心岛用地。

②导向岛绿地：位于交叉路口上可绿化的导向岛用地，由道路转角处的行道树、交通岛和一些装饰性绿地组成。

③立体交叉岛绿地：互通式立体交叉干道与匝道围合的绿化用地。

3．广场绿地

广场绿地指广场用地范围内的绿化用地。

4．停车场绿地

停车场绿地指停车场用地范围内的绿化用地。

2.2　城市道路绿地的类型

现代城市道路纵横交错，许多道路性质不同、条件不一，因此也造就了丰富多变的道路绿地类型。根据不同的种植目的，可将道路绿地分为景观栽植和功能栽植两大类。

2.2.1　景观栽植

景观栽植主要立足于环境美学观点，从树种、树姿和种植方式等方面来探讨道路绿化与道路、建筑及周围环境的协调关系，使之成为道路环境的有机组成部分，其绿地种植形式主要考虑景观因素，有以下几种类型。

1．密林式栽植

图 2-2　密林式栽植

密林式栽植指在道路两侧密植以形成浓密的林带（见图2-2），树木以乔木为主，搭配灌木与地被。置身其中如入森林之境，夏季浓阴覆盖，清爽宜人。常见于城乡交界处，环绕城市或结合河湖设置，沿路植树宽度应大于50 m。[①]

2. 自然式栽植

自然式栽植指模拟自然景色，种植方式比较自由，主要结合地形和环境来布置，常用于路边休息场所、路边公园和街心花园等地（见图2-3）。沿街在一定宽度范围内布置由不同树种组成的自然树丛，形成优美而富有变化的自然植物景观。但要注意在距离交叉路口、转弯处一定范围内尽量少种或不种灌木，以免遮挡驾驶员的视线。

这种形式的优点是，与周围环境融合度高，景观效果良好。但夏季遮阴效果不如整齐排列的行道树。

图2-3　自然式栽植

3. 花园式栽植

花园式栽植指将道路外侧布置成大小不一的绿化空间，设有绿阴、广场和必要的园林设施，也可布置儿童游戏设施或小型停车场（见图2-4）。这种形式的优点是布局灵活、用地经济，兼具休闲功能与绿化功能。在建筑密集、用地紧张的情况下，结合居住区或商业区进行花园式道路绿地设计，可弥补城市绿地分布不均的缺陷，还可以为行人及附近居民提供休憩场所。

---

① 司志贺，马黎梅. 城市道路绿化景观分析研究［J］. 城市建设理论研究，2011（21）.

图 2-4 墨尔本朗斯代尔街道花园式景观栽植

来源：https://www.archdaily.com.

4. 田园式栽植

田园式栽植指道路两旁园林植物的高度低于视线，空间全面敞开，可直接与农田、菜田相连，也可与苗圃、果园相邻（见图 2-5）。这种形式自然疏朗，富有乡土气息，行车视线开阔，交通流畅，主要适用于城市公路、铁路和高速路的绿化。

图 2-5 田园式栽植

5．滨河式栽植

滨河式栽植指道路绿地临水，环境优美，空间开阔（见图2-6）。当水面较窄并且对岸景观效果较差时，滨水绿地的布置可相对简单，树木种植成行，岸边设置栏杆，座椅安放于树间供游人休憩。如果水面宽阔，沿岸风景较好，对岸景点较多，应沿水边设置较为宽阔的绿地，铺设步道、花坛、草坪，并布置座椅、小品等园林设施。为满足人们观景和亲水需求，应尽量将游人步道设在水边，或设置亲水平台、亲水小广场等。

图2-6　临河的道路绿地

6．简易式栽植

简易式栽植指在道路两旁各种植一行乔木或灌木的"一条路，两行树"形式。这是道路绿地中最简单、最原始的形式。

道路绿地的绿化布局取决于道路的自身条件和所处环境，在进行道路绿地规划设计时，应根据实际情况因地制宜地选择绿化布置形式，以取得理想的绿化效果。

2.2.2　功能栽植

功能栽植是指利用绿化手段来达到某种效果的绿地种植方式，[①] 如遮蔽式栽植、遮阴式栽植、装饰栽植、地被栽植等。虽然这种方式有明确的目的，但功能并不是唯一的要求，无论采取何种形式都应考虑各方面的需求，如可结合视觉景观效果进行功能栽植，使其成为街景艺术的组成部分。

1. 遮蔽式栽植

遮蔽式栽植是对视线的某一方向进行遮挡，以免见其全貌。[②] 被遮挡的往往是景观效果较差或隐私要求较高之处，如常用一些树木或攀援植物对挡土墙或其他影响道路景观的构筑物加以遮挡（见图 2-7）。

图 2-7　遮蔽式栽植

2. 遮阴式栽植

我国大部分城市夏季天气炎热，路面温度较高，因而对道路绿地的遮阴需求也较高。无论是行道树的设置（见图 2-8），还是对道路两侧建筑物的绿化遮挡，都有遮

---

① 吴凯. 城市道路园林绿地规划设计的探讨——以白银市为例［J］. 农业科技与信息，2008（2）：42-44.

② 刘铁冬. 城市道路绿带的设计研究［D］. 哈尔滨：东北林业大学，2004.

阴种植的考虑。遮阴式栽植在调节小气候、改善城市道路环境方面具有十分显著的效果，但应控制好植物与建筑物之间的距离，以免影响建筑的采光和通风。

图 2-8　行道树遮阴

3. 装饰栽植

装饰栽植常用于限定边界，防止行人穿越、遮挡视线，防尘和调节通风等。一般在行道树绿带或分车绿带两侧作局部的间隔和装饰之用（见图 2-9）。

图 2-9　分车绿带上的装饰绿墙

4．地被栽植

地被栽植是指利用草坪等地被植物覆盖地表的种植方式，具有防止雨水对地面的冲刷、防尘、防冻、缓和小气候等功能。另外，地被还可以为道路环境增色，如与花坛的鲜花形成对比，使得整体色彩效果更佳。

5．其他

如防风栽植、防噪声栽植、防雨栽植、防眩光栽植等。

2.3　城市道路的绿化形式

城市道路的绿化形式一般与道路的横断面布置形式一致，而完整的道路横断面由车行道（包括机动车道和非机动车道）、人行道、分隔带（绿化带）等组成。目前我国常用的道路绿化形式有以下几种。

1．一板二带式（一板块）

一板二带式由中间一条车行道和两边各一条绿化带组成，两侧绿化带以种植高大行道树为主，绿化带外侧的人行道可有可无，这是最常见的一种道路绿化形式（见图2-10）。这种形式用地经济、操作简单、管理方便，但同时也存在景观效果较单调、机动车与非机动车混行难以管理等问题。

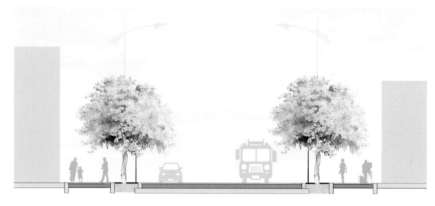

（a）一板二带式道路绿化立面图

（b）一板二带式道路绿化平面图

（c）一板二带式道路绿化实景图

图2-10　一板二带式道路绿化示意图

2．两板三带式（二板块）

两板三带式由单向行驶的两条车行道、中间分车绿带和两侧行道树绿带组成（见图 2-11）。这种做法可以将上下行车辆分开，减少机动车事故的发生概率，具有绿带数量大、景观效果较好、生态效益较显著等特点，适用于宽阔的道路，常见于高速公路和入城道路绿化。

（a）两板三带式道路绿化立面图

（b）两板三带式道路绿化平面图

（c）两板三带式道路绿化实景图

图 2-11　两板三带式道路绿化示意图

3. 三板四带式（三板块）

三板四带式是利用两条分车绿带将车行道分成三块，中间为快车道（机动车道），两侧为慢车道（非机动车道），加上道路两侧行道树绿带共四条绿带的绿化形式[①]（见图2-12）。这种做法虽然占地面积较大，但因其绿化量大、遮阴效果较好，且能解决机动车与非机动车混行的问题，所以是城市道路绿化中较理想的一种形式，常用于机动车、非机动车和人流量较大的城市干道。

（a）三板四带式道路绿化立面图

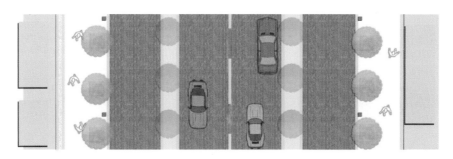

（b）三板四带式道路绿化平面图

（c）三板四带式道路绿化实景图

图2-12　三板四带式道路绿化示意图

---

① 徐清. 景观设计学［M］. 上海：同济大学出版社，2010.

4．四板五带式（四板块）

四板五带式利用三条分车绿带将道路分成四块，中部是两条上下行快车道（机动车道），往外是两条慢车道（非机动车道），再加上两侧行道树绿带总共是四条道、五条绿带，故称为四板五带式（见图 2-13）。这种形式既能使车辆各行其道，保证行车安全，又能提高道路景观效果，生态效益显著。但是占地面积大，经济性较低，在用地紧张的情况下可用栏杆代替分车绿带对道路进行分隔。

（a）四板五带式道路绿化立面图

（b）四板五带式道路绿化平面图

（c）四板五带式道路绿化实景图

图 2-13　四板五带式道路绿化示意图

5．其他形式

按照道路的地理位置和周边环境条件因地制宜地设置绿带，如山坡、水道的绿化设计。

2.4 道路绿化与有关设施

行道树的树种选择、种植定位、树干整形和生长发育不仅受温度、土壤、光照、空气、水分等自然环境因素的影响，一定程度上还受限于路旁建筑物、架空线、地下管线、交通设施、人流、车流等社会环境因素。在进行道路绿化设计前，应充分了解道路上的各种环境因素，综合考虑道路绿化与有关设施之间的关系，以提高道路绿化设计的整体性和统一性。

2.4.1 道路绿化与架空线

由于道路绿带的宽度有限，树木的种植位置受到很大程度的限制，为了不影响道路绿化景观效果，行道树绿带和分车绿带上方不宜设置架空线。若不得不设置的话，应保证架空线下至少有 9 m 的树木生长空间。目前，我国城市道路上的架空杆线主要有电车杆线、电力（强电）杆线以及电信（弱电）杆线三种，这些架空线架设的高度取决于其电压的大小，最低高度要求在保持 9 m 的树木生长空间的基础上加上距树木的规定距离（见表 2-2）。例如 330kV 电力线路的最低架设高度为 9 m+4.5 m=13.5 m。

架空线一旦设置就不再轻易更改，所以为了节约成本、便于架空线的施工与道路绿化树木管理以及保证道路绿化效果，架空线下方种植的行道树最好选择耐修剪的或树冠为开放型的树种。

表 2-2 树木与架空电力线路的间距

架空线名称	树木枝条与架空线最小水平距离 /m	树木枝条与架空线最小垂直距离 /m
1～10 kV 电力线	1.0	1.5
35～110 kV 电力线	3.0	3.0
154～220 kV 电力线	4.0	3.5
330 kV 电力线	5.0	4.5

资料来源：胡长龙，戴洪，胡桂林.《园林植物景观规划与设计》.

2.4.2　道路绿化与地下管线

城市道路地下管线大体上可分为地下电缆和地下管道两大类，电缆类包括电力线、通信电线、无轨电车及地下铁道等交通电力电缆，而管道类包括供水管道、排水管道、雨水管道、燃气管道和热力管道等。[①]这些依附于城市道路的地下管线应与城市道路同步建设，依据城市地下管网规划和国家相关规定来进行整体规划设计，合理确定各类管线的位置与标高。

地下管线与城市道路平行，通常设在路侧带下方，在用地紧张的情况下也可以设在非机动车道下，除快速路外，在布线困难时甚至可将雨水管和污水管埋设在机动车道下方。在敷设地下管线时应协调好管线与管线之间、管线与道路绿化之间的关系，避免管线间的相互干扰以及对市容的影响。对于新建道路或经改造后达到规划红线宽度的道路，绿化树木与地下管线外缘的最小水平距离应符合表 2-3 的要求。另外，不得将管线布置在行道树下方，以免其妨碍行道树的正常生长，影响绿化效果。

目前，我国部分城市道路未能达到道路规划红线宽度，地下管线与树木之间的距离也达不到表 2-3 中的规定。面对这种特殊情况，应遵循《城市道路绿化规划与设计规范》（CJJ 75—1997）的规定，使树木根茎中心与地下管线外缘的最小距离符合表 2-4 的要求，以保证树木根系的正常生长。

表 2-3　绿化树木与地下管线外缘的最小水平距离

管线名称	最小水平距离	
	距乔木中心距离 /m	距灌木中心距离 /m
电力电缆	1.0	1.0
电信电缆（直埋）	1.0	1.0
电信电缆（管道）	1.5	1.0
给水管道	1.5	—
雨水管道	1.5	—
污水管道	1.5	—
燃气管道	1.2	1.2
热力管道	1.5	1.5
排水盲沟	1.0	—

资料来源：《城市道路绿化规划与设计规范》（CJJ 75—1997）.

[①] 沈建武，吴瑞麟. 城市交通分析与道路设计［M］. 武汉：武汉测绘科技大学出版社，1996.

表 2-4 树木根茎中心与地下管线外缘的最小距离

管线名称	最小距离	
	距乔木根茎中心距离 /m	距灌木根茎中心距离 /m
电力电缆	1.0	1.0
电信电缆（直埋）	1.0	1.0
电信电缆（管道）	1.5	1.0
给水管道	1.5	1.0
雨水管道	1.5	1.0
污水管道	1.5	1.0

资料来源：《城市道路绿化规划与设计规范》（CJJ 75—1997）.

　　对管线进行合理深埋，可以充分利用地下空间来解决管线之间的距离而不影响道路树木生长，各种管线的覆土深度还应符合表 2-5 的要求。

表 2-5 各种管线最小覆土深度

管道名称	最小覆土深度 /m	说　明
电力电缆	0.8～1.0	10kV 以下电缆覆土在 0.8 m；35kV 则在 1.0 m 以上
电信电缆	0.8～1.0	铅装电缆最小覆土 0.8 m；铅皮电缆应在 1.0 m
电信管道	0.8～1.4	管道考虑冰冻深度，不小于 0.8 m
直埋热力管	1.0	热力管外包一层保护壳
干煤气	0.9	应考虑冰冻深度
湿煤气	$h \geqslant 1.0$	冰冻深度 $h \geqslant 1.0$ m
上水管道	0.8～1.2	同干煤气
雨水管道	0.7	在考虑外部荷载情况下，可按 0.7 m 覆土深度
污水管道	0.7	同雨水管
热力管道	0.5	按盖板沟最小覆土深度考虑

资料来源：沈建武，吴瑞麟.《城市道路与交通》（第二版）.

2.4.3　道路绿化与其他设施

道路绿化树木与道路环境其他设施的最小水平距离应符合表 2-6 的要求。

表 2-6　树木与其他设施最小水平距离

设施名称	最小水平距离	
	至乔木中心距离 /m	至灌木中心距离 /m
有窗建筑物外墙	3.0	1.5
无窗建筑物外墙	2.0	1.5
高于 2 m 的围墙	2.0	1.0
低于 2 m 的围墙	1.0	0.75
挡土墙	1.0	—
路灯杆柱	2.0	—
电力、电信杆柱	1.5	—
消防龙头	1.5	2.0
道路侧石边缘	1.0	0.5
测量水准点	2.0	2.0
排水明沟外缘	1.0	0.5
邮筒、路牌、车站标志	1.2	1.2
警亭	3.0	2.0
人防地下出入口	2.0	2.0
架空管道	1.0	—
一般铁路中心线	3.0	4.0

资料来源：周初梅.《园林规划设计》.

第3章 道路绿化空间营造与景观设计

3.1 道路绿化空间营造

亚历山大在《建筑模式语言》中说道："只有当人们认识到树木营造空间的能力时，他们才会感到树木的真正的存在价值和意义。"[①] 城市道路绿地景观的空间营造是通过植物要素来实现的，植物就如同建筑物的地面、天花板、围墙和门窗一般，对道路空间进行分割、限定和组织。

3.1.1 道路绿化空间

空间（space）一词源于拉丁文"spatium"，是人们描述位置、地方和体会虚空的经验，也是一个传统的哲学命题。而在建筑学领域，空间是一个与实体相对应的概念，是由线、面、体划分或围合的虚体。芦原义信在其著作《外部空间设计》一书中指出地面、墙面和顶面是限定空间的三要素，因而通常意义上的物理空间指的是由地平面、垂直面以及顶平面单独或共同组合成的具有实在的或暗示性的范围围合[②]。在道路绿地中，绿化植物可作用于道路空间的任一平面，构成道路绿化空间。

（1）在地平面上，可通过不同高度和种类的矮灌木或地被植物来暗示虚空间的边界（见图3-1）。在城市道路绿化设计中，常常以在绿带底层布置草坪花带或低矮的绿篱、种植池等方式将道路平面划分为车行空间、辅道空间和人行空间。

---

① 欧小珊. 广州典型植物造景实例研究——以单一乔木为主景营造的公共空间［D］. 广州：华南理工大学，2012.
② 赵慧蓉. 园林设计教程［M］. 沈阳：辽宁美术出版社，2010.

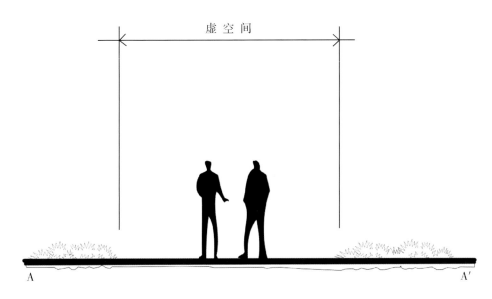

图 3-1　地被和草坪暗示虚空间的边界

（2）在垂直面上，可以通过乔木的树干和植物的叶丛来形成竖向围合空间。城市道路上的中间分车绿带、行道树绿带和人行道与建筑之间的路侧绿带往往承担着围闭载体的任务。

首先，行道树的树干以暗示的方式构成道路虚空间的边界（见图 3-2）。空间的封闭程度与行道树树干大小、种植方式和种植密度相关，行道树越多，种植间距越小，空间的围合感越强。城市道路行道树的种植间距是根据苗木的规格和树木的生长空间来确定的，但要求至少不小于 4 m。

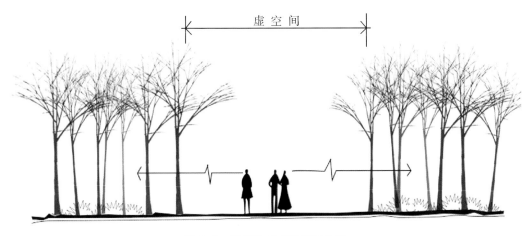

图 3-2　树干构成虚空间的边界

其次，叶丛的分枝高度和疏密程度也是影响道路空间围合度的重要因素，叶丛越浓密，体积越大，围合感越强。乔木、花灌木、中篱、中高篱等植物的繁茂枝叶可以形成竖向边界，起到分隔、围合道路空间的作用。在这些植物中，常绿植物能长期保持相对稳定的空间围合效果，落叶植物的封闭效果则呈现出动态变化（见图3-3）：树叶脱落前，浓密的叶丛形成闭合空间，使人的视线向内集中；随着树叶的慢慢飘落，空间的封闭感逐渐打破，视线开始向外延伸；叶子完全脱落后，以枝条来暗示空间界限。

夏 季

（a）叶落前，空间封闭，视线内向集中

冬 季

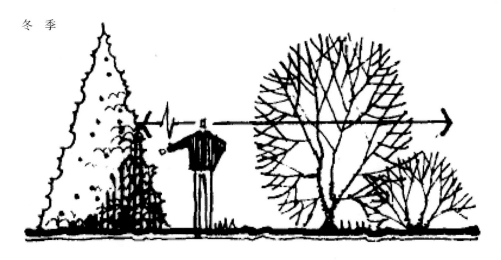

（b）叶落后，空间开敞，视线透出空间

图 3-3　落叶植物的动态空间景观

资料来源：（美）诺曼 K. 布思.《风景园林设计要素》.

（3）在顶平面上，行道树的树冠就像道路空间的天花板，限制了人向上视线的延伸。其封闭程度与行道树的树形和冠幅大小相关，当两侧行道树的树冠在上方相互覆盖、交叠时，顶面封闭感较强。在一些居住区道路上，常常种植树冠开阔、枝繁叶茂的伞状行道树，形成顶部封闭的道路空间，为过往行人和车辆遮阴（见图 3-4）。

图 3-4　人行道两侧树木在上方交叠形成顶平面

在城市道路绿地规划中，不同绿化植物根据其尺度和枝叶繁茂程度对道路空间进行分割和围合，具体作用见表 3-1。

表 3-1　植物围合空间的基本尺度

植物类型	植物高度	植物与人体尺度关系	对空间的作用
草坪	＜ 0.1 m	脚踝高	作基面
地被植物	0.3 m	踝、膝之间	丰富基面
低篱	0.5 m	膝高	引导人流
中篱	0.9 m	腰高	分隔空间
中高篱	1.5 m	视线高	有围合感
高篱	1.8 m	人高	全围合
乔木	5～20 m	人在树冠下活动	上围，下不围

资料来源：李树华.《园林种植设计学理论篇》.

3.1.2　道路绿化空间类型

道路绿化植物在地平面、垂直面和顶平面上以不同的方式组合变化，形成各种类型的道路空间。但无论如何，道路绿化空间的封闭度是随着道路的水平宽度和植物的高矮、大小、株距、密度以及观赏者与周围植物的相对位置而变化的。例如，当道路的宽度较小，围合植物高大茂密并接近于观赏者时，空间封闭感明显。根据空间的封闭程度，可将道路绿化空间分为以下 5 类：

1. 开敞空间

开敞空间是以低于人视平线的矮灌木、绿篱、花坛以及地被植物作为空间的限制要素。[①] 这种空间的特点是视线开阔、外向、无私密性，常见于城市广场（见图 3-5）和道路分车绿带端部、交通岛等要求驾驶员视线通达之处或者路两侧风景较好的空间。

图 3-5　开敞空间

2. 半开敞空间

类似于开敞空间，但其空间的一面或多面密植了较高植物，限制了视线的穿透。空间特点是开敞程度较小，封闭面阻挡了人们的视线，从而引导大家往封闭程度较差的开敞面看去，达到障景的效果。当道路一面景观较好，另一面景观较差（见图 3-6）或需要控制隐私时，常采用这种空间布局形式。

---

① 郑树景. 论植物造景空间［J］. 山西建筑，2008（32）：346-347.

图 3-6　半开敞空间

3．覆盖空间

这是一种以具有浓密树冠的大乔木形成顶部覆盖、四周宽敞环境的空间类型。根据上方树冠的交叠情况又可分为完全封闭覆盖式空间、半封闭覆盖式空间和局部封闭覆盖式空间。[①] 树冠与地面之间为开阔空间，人们可以在树冠下行走，但由于树叶的遮挡，透到内部的光线较少，环境阴暗，适合人们在此遮阴纳凉。如果种植的乔木为落叶乔木，冬季落叶后，空间会变得明亮、开敞。这种空间在道路绿化设计上的表现为"隧道式"空间，由道路两侧的行道树在上方交冠遮阴形成（见图 3-7）。行道树的布置与道路线形结合，形成纵深感强烈的绿色长廊，引导人们的视线向前。

图 3-7　树冠形成覆盖空间

---

① 周雪芬. 城市道路空间景观设计研究［D］. 南京：南京林业大学，2015.

4. 完全封闭空间

与覆盖空间相似，除顶部植物浓密树冠交叠遮蔽外，四周也被小乔木或灌木所封闭，具有很强的隐私性和领域感（见图3-8）。这能给人们带来独特的空间感受，但应尽量避免路段的过度使用，以免给使用者带来压抑、闭塞之感。在城市道路规划设计上，多见于园林景观路、城市广场。

图3-8　完全封闭空间

资料来源：韦宝伴.《城市道路的人性化空间》.

5. 垂直空间

利用高而细的植物形成垂直面封闭、顶平面开敞的竖向空间，其空间的垂直感与植物的高度和种植密度相关。在道路两侧种植修剪整齐的高绿篱或树形紧凑、分枝点低的乔木树列均可以形成这种空间（见图3-9）。由于垂直空间两侧封闭，人的视线被引导到上空和前方，极易产生夹景效果，因而这种空间设计通常被安排在轴线位置，以突出轴线景观。

图3-9　垂直空间

3.1.3　空间要素

1. 造型要素

（1）点

点是具有空间位置的视觉单位，是空间中最重要、最基本的造型要素。[①] 严格来说，点是无尺度概念的，一般只是相对而言，在大尺度空间内，一个面可以看作是这个空间的一个点。对于道路绿地空间而言，点应该具有一定大小和面积，且能吸引人们的注意力，其形状无限制，可以是交通岛绿地（见图 3-10），也可以是一片重要的路侧绿地或者是绿地内的一株大树。这些点往往设置在道路空间的连接处、转向处，处于道路绿地的中心位置或重点位置，构成了空间序列的起始点、中心点、目标点或景观空间的标志点，是道路绿化设计的重点表达对象。

道路绿地景观中每个点的设计都应符合其功能要求，力求轮廓清晰醒目、色彩协调，在形成自身独特风格的同时达到与周围环境的协调统一，能给人以深刻印象，并在心中产生方位感。

图 3-10　交通岛绿地可视为"点"

（2）线

点延伸成线，点与点之间的连接，面与面的交界以及面的边缘，都能看到或者暗示线的存在。城市道路绿地中的"线"主要用来描述道路绿带景观，具有一定的位置、

---

① 申勇. 城市道路绿地景观设计研究——以珠海市为例［D］. 长沙：中南林业科技大学，2006.

长度、宽度以及相应的形状，并表现出明显的方向性。比如，列植的行道树、带状花坛、一条道路绿带都可视为线（见图3-11）。

线是城市道路绿地空间组织不可或缺的造型要素，在很大程度上影响空间的形态、视觉效果以及人们的心理感受。直线方向明确，具有纵深感和连续感；曲线流畅生动，给人以动感。在道路绿地景观设计中，应利用植物结合线形变化营造丰富多变、富有特色的道路绿化景观空间。

图3-11 城市道路绿地的行道树和绿篱可视为"线"

（3）面

在几何学中，面是由点和线的密集与移动构成的，点的扩大、聚集和线的围合、宽度的增加都会产生面。[①] 面有限定空间作用，给人以一定的领域感，是城市道路绿化空间重要造型要素，直接影响着道路绿地景观的视觉效果。道路绿地中大尺度的绿地区域如大块的草坪、较宽的路侧绿带（见图3-12）、城市广场等都可以看作是面。面的设置不仅满足城市道路快速行车对视觉的要求，还能使道路绿地在保持整体性的同时营造一种大尺度空间的恢宏、壮阔气势。

---

① 翟幼林. 设计基础——空间设计初步［M］. 北京：人民美术出版社，2011.

图 3-12 较宽的路侧绿带可视为"面"

点、线、面作为城市道路绿化空间的造型要素，对道路绿化景观效果的营造具有直接影响作用。其中，点的设置可以创造景观聚焦中心，具有丰富道路绿地景观、提高道路绿地空间的可识别性、缓解视觉疲劳等作用；线可以将一个个间断的点联系起来，使道路绿地景观具有良好的可达性和连续性；面作为点和线的背景，加强了道路绿地景观的统一感和整体感。总而言之，点有灵动性、线有延长性、面有扩张性，在道路绿化设计中，应将点、线、面有机地结合起来，形成多功能复合结构的绿色道路网络。

2. 道路绿化空间美学要素

1）植物的尺度

植物的尺度感是由植物的体量、与所处环境的比例关系、观赏者的观赏角度共同形成的。其中，植物的体量是表现植物个体尺度的最直观的要素，是植物最重要的观赏特性之一，直接影响着道路绿化景观构成中的空间范围、结构关系、设计构思与布局等。

（1）大中型乔木

大乔木成熟期高度可超过 20 m，中乔木高度一般为 11～20 m，树高在这些尺度范围内的植物主要有香樟、凤凰木、广玉兰和榕树等。大中型乔木因其树高和体量大，而成为城市绿地系统空间构成的基本骨架，在道路绿地布置中占有突出地位，极易成为视觉焦点，多用作行道树、主景树，或街头小游园的背景。

图 3-13　人行道两侧列植的大型乔木

大中型乔木可在垂直面和顶平面上封闭道路空间，所营造的空间感如何取决于树冠的实际高度：当乔木的枝下高为 3.5～4.5 m 时，可构成有人情味的树下空间；当其枝下高为 12～15 m 时，树下空间则显恢弘、开阔。在道路两侧的绿带上列植枝干挺拔的高大乔木，同时减少灌木数量，可营造开阔的道路空间，形成气势壮观的道路景观（见图 3-13）。此法用于较为狭窄的空间，可使空间变"大"，具有改善空间环境作用。

（2）小乔木

小乔木高度一般在 6～10 m 之间，最接近人体仰望高度，是城市绿地空间的主要构成树种。小乔木可在垂直面和顶平面上对道路空间进行限制、围合，具体封闭程度视其分枝点的高低而定。由于小乔木的尺度亲切宜人，多适用于小空间或要求比较精细之处。

在道路绿地中，小乔木可布置在道路两侧，以点缀疏林草地或衬托高大建筑物。具有较高观赏价值的小乔木还可以作为视觉焦点布置在醒目的地方，如道路尽头、转弯处、入口附近或者突出的景点上。

（3）高灌木

一般高度在 2 m 以上的灌木为高灌木，如桂花、海桐、垂叶榕等。与小乔木相比，灌木没有明显的主干，叶丛贴地而长。在道路绿化景观中，高灌木就像垂直墙面，能够封闭空间，多用于屏蔽视线或加强私密性等。如采用的灌木为落叶树种，所围合的空间的性质还会随季节而变化。

在矮灌木的衬托下，高灌木容易从环境中脱颖而出，成为视觉焦点和构图中心，吸引人们的注意力，其形态越窄，色彩越明显，则效果越突出。另外，高灌木还可以用作背景来突出前方的景物，如花灌木或雕塑小品等。

在道路绿化设计中，高灌木多用于道路障景，以隔离不良景观；亦可在路侧绿带充当背景或屏障；还可用于空间围合。

（4）中灌木

中灌木的高度一般为 1～2 m，能起限定和围合空间的作用。因植株高矮不同，对空间的围合程度也有所差别。同时，中灌木还可以作为矮灌木与高灌木和小乔木之间的视线过渡，用于增加空间层次（见图 3-14）。

在道路绿地中，中灌木常用于自然式栽植，与矮灌木、草坪等搭配组合使用。花色、叶色优美的树种还可通过孤植或丛植的方式来创造视觉兴奋点，引人注目。

图 3-14　中灌木作为矮灌木和乔木之间的过渡层

（5）矮灌木

成熟的矮灌木高度在 0.3～1 m 之间，能分隔或限制空间而不遮挡视线，从而形成开敞空间。在构图上，矮灌木还有视觉上的垂直连接功能，可加强景观整体性。矮灌木可以在不影响人们视线的情况下限制人们的活动范围，在道路绿地景观中运用最为广泛，常常被修剪成整齐的绿篱（见图 3-15），以连续种植的方式形成隔离绿带，或作为花坛、绿地的边界。

图 3-15　行道树绿带下层被修剪成绿篱的矮灌木

在道路绿化设计中，矮灌木还可充当附属因素，与较大物体搭配形成对比。如矮灌木与行道树和绿篱的组合、矮灌木与高灌木的对比、矮灌木与较大雕塑的搭配等，都可获得良好的景观效果。由于矮灌木的尺度较小，只有大规模使用才能获得较佳的观赏效果，故其种植应尽量避免过于琐碎，以维持道路景观的观赏性和构图的整体性。

（6）地被

地被植物是指用于覆盖地面的矮小植物，其高度一般不超过 30 cm，[1] 如白蝴蝶、吊竹梅、沿阶草、酢浆草等。地被植物种类繁多，具备丰富的色彩和质感，可增加观赏情趣，并且不会对人的视线产生任何遮挡与屏蔽，起到暗示空间边缘的作用。因此，常作为道路绿地空间的"铺地"材料，或在边缘种植，或形成图案和下层植被床，或作为主要景物的衬托背景，或搭配在色彩、质感有对比的材料上形成景观。

在视觉效果上，地被植物可实现绿化空间平、立面上的视线连续和过渡，将其他孤立因素或多组因素组成一个统一的整体，将各组互不相关的灌木或乔木整合在同一空间区域内。[2]

此外，地被植物还可为不宜种植草皮或其他植物的地方提供下层植被，且比种植

---

① 曾艳. 风景园林艺术原理［M］. 天津：天津大学出版社，2015.

② 马丽. 天津城市道路绿化景观设计［D］. 天津：天津大学，2007.

人工草坪更为经济、易于管理和养护。在高速公路、边坡等不便进行细致管理养护之处种植地被植物，不仅可以美化道路景观，还可起到防止水土流失、稳定土壤的作用。

2）植物的尺度应用要点

植物尺度是植物最受关注，也是最重要的特征之一，从远距离观看，这一特性更为明显。因此，植物的尺度是道路绿化应优先考虑的美学因素，在应用中应注意以下几点：

（1）植物尺度的选取，应与道路环境协调，也应与周围环境相协调，遵循比例与尺度适度原则。在滨水绿地，大水面边缘可配置香樟等大尺度植物，而小水面岸边则多种植垂柳、紫薇等尺度较小、姿态优美的植物。在道路两侧的绿带上种植高大乔木，待乔木成熟后，道路宽度与乔木高度的比值 D/H ≈ 2 时，整个机动车道路的空间尺度较为宜人、舒适，而不会显得过于离散。[①]

（2）根据道路绿地功能和景观要求，选择合适的植物配置方式，控制植物之间的尺度搭配，使之相协调。在道路绿化设计中，会运用到各种类型的植物，其配置形式多样，有些是单一尺度植物的组合，有些则是多种尺度植物的组合。前一种组合方式可以采用相同树种，也可以采用尺度相近或相同的不同树种，整体效果统一、整洁，但易让人感到单调；后一种组合方式是将不同尺度的植物搭配在一起，错落有致，可以形成有韵律、有节奏的景观空间，但应注意以其中一种尺度为主，并与其他尺度取得协调。无论选择何种种植类型，都应与道路绿地功能相符合，并达到整体景观效果上的和谐。

道路绿地常用的植物配置形式及其相应的尺度比例控制如表 3-2 所示，但要注意的是道路绿带同一空间领域或地段内应保持尺度一致，以便于人们对整个空间尺度的感知与把握。

表 3-2　植物尺度控制

道路绿地	常用配置形式		尺度比例
行道树绿带、分车绿带	高大乔木—小乔木 / 灌木—地被		15：2：0.6
导向岛、中心绿岛	高大乔木—地被		15：0.6
大型立体交叉岛、广场、停车场绿地	疏林草地式配置	乔木—彩色地被	15：0.6
	组团式配置	常绿高大乔木—中小型开花乔木—开花大灌木—小灌木—地被	15：10：3：1：0.6

资料来源：作者根据宁绮珍《广州市城市道路绿地景观设计研究》整理而成.

---

① 李智博，马力，杨岚，胡金萍. 从城市规划看城市道路绿化景观设计 [J]. 国土与自然资源研究，2011（1）：74-75.

（3）道路绿化设计应考虑植物的尺度变化。

植物的尺度会随着其年龄的增长而变化。一般新建道路选用的树种规格普遍较小，在随后的生长过程中树木的尺度会不断地发生改变，直至成熟达到稳定状态。另外，一些落叶树种的尺度也会因季节不同而呈现出不同的状态，落叶后会相对变小（见图3-16）。因此，在进行道路绿化设计时应充分了解植物的生态习性、生物学特性及美学构图原则，结合绿化设计的远近期效果，合理选择树种以及安排植树位置。

图 3-16　树木落叶后尺度变小

3. 植物的姿态

植物的姿态是指植物自由生长而形成的大致外部轮廓，是植物观赏特性之一，影响着道路绿化景观布局和构图的统一性与多样性，以及空间意蕴的表达。

1）植物姿态的类型

不同的树木其形状也不同，呈现出不同的姿态美，其树形的基本类型有圆柱形、纺锤形、展开形、圆球形、垂枝形、尖塔形和特殊形。植物姿态在高、宽、深三个向度的尺度不同，从而具有了方向性。根据植物的方向性，可将其大致分为以下几类：

（1）垂直方向类

垂直方向尺度较长的植物为垂直方向类植物，包括姿态为尖塔形、圆锥形、圆柱形、笔形、纺锤形和扫帚形等植物，常见树种有圆柏、侧柏、水杉和落羽杉等。这种类型的植物具有强烈的向上动势，可以将人们的视线引向天空，突出空间的垂直面，强调植物群落和空间的高度感与垂直感。[①]

---

① 郭齐敏. 商业步行街植物景观设计研究——以成都市为例［D］. 四川：西南交通大学，2010.

垂直方向类植物多用于表达静谧、庄严、肃穆、权威、崇高等气氛，列植时可形成夹景，大量使用时会给人一种超越实际空间的幻觉。如果它与其他姿态的树木配置，可形成起伏变化的天际线，与低矮植物，尤其是圆球形植物搭配时对比效果更鲜明，极易成为视觉焦点。

（2）水平展开类

水平方向的尺度长于垂直方向的植物为水平展开类植物，包括偃卧形、匍匐形姿态的植物，如沙地柏、平枝栒子等。这类植物可给人以舒缓、平和、恬静的感受，也可表达空旷、荒凉、疲劳的气氛，在空间上还可增加景观的宽广度，引导人的视线往水平方向移动。

水平展开类植物宜作地被植物，常作为道路绿地平面或坡面绿色覆盖物。在构图上，水平展开类植物既可与平坦地形或低矮水平延伸的建筑物取得协调，又可与垂直方向类植物或垂直性较强的灌木搭配形成强烈的对比效果。

（3）无方向类

水平方向与垂直方向的尺度大体相等，没有明显差别的植物为无方向类植物，姿态为圆球形、卵圆形、倒卵形、伞形、钟形、拱枝形、丛枝形等植物均可归入此类。其中，圆球形为典型代表，如黄金榕球、枸骨球、大叶黄杨球等。该类植物除自然形成外，还有人工修剪而成的，是园林植物中数量最多的种类。其在引导视线方面，既无方向性，也无倾向性，在构图上容易与其他形体要素取得协调。

（4）其他类

垂枝类：具有明显下垂的枝条，如垂柳、串钱柳等。在设计中可起到引导人的视线向下的作用，常种植于滨水道路绿地，不仅可以观赏其飘逸姿态，而且其下垂枝条具有向下动势，可使构图重心更加稳定。

曲枝类：具有枝条扭曲的明显特征，如龙桑、龙游梅等。树枝向左右两侧延伸，不仅可以引导人的左右视线，还可以使整体树冠呈现圆整趋势。

棕榈形：一般指棕榈科植物，如棕榈、椰子、蒲葵、假槟榔等。这类植物为常绿植物，形态独特，质地较粗犷，极富热带风情。

特殊形：造型奇特，形状千姿百态，有多瘤节的、不规则的、歪扭式的和缠绕螺旋式的。[①] 这类植物外观非同一般，通常作为视觉焦点，孤植在突出位置上，以形成独特的景观效果。

2）植物姿态应用要点

植物姿态各异，甚至有些在人工修剪下呈规则式或半规则式。合理巧妙地利用不同姿态的植物，可以增强道路绿化的韵律感和层次感，创造有趣的景观空间。在实际运用时，应注意以下几点：

---

① 刘燕. 成都市近郊区滨水绿道植物景观空间营造研究［D］. 四川：西南交通大学，2016.

（1）注意植物姿态的可变性。植物的姿态并非一成不变，会随着生长季节和植物年龄的变化而具有不确定性。在道路绿化设计时应充分考虑植物姿态的可变性，结合近期和远期规划，合理运用。

（2）在以植物姿态为构图中心时应把握不同姿态植物的重量感。一般来说，规则形体重于不规则形体，而物体向中心聚集的程度也对重力有影响。圆柱形、圆锥形或人工修剪成几何形状的植物给人以浑厚、平稳之感，而垂枝形植物则给人一种轻盈、飘逸的感觉。在进行道路绿化设计时，应关注植物的重量感并加以把握。

（3）注重单株与群体之间的关系。当植物成群出现时，单株植物的姿态效果被削弱，甚至被掩盖。所以，如果想要表现单体植物，在设计时应避免同类或同姿态植物的群植；若是运用植物群来表达空间氛围，则应注意整体植物的姿态效果（见图3-17）。

图 3-17　植物姿态的组合运用

（4）注重基调树种的选择。在进行道路绿化设计时，应确定主体植物姿态，并以其他姿态为配景，避免太多不同姿态植物同时出现，以免造成杂乱无章的感觉。

4. 植物的色彩

艺术心理学家认为"视觉最敏感的是色彩，其次才是形体线条等"，[①] 可以说色彩是道路绿化植物最引人注目的观赏因素，直接关系到道路环境空间气氛和情感的表达，

---

① 陈月华，王晓红. 植物景观设计［M］. 长沙：国防科技大学出版社，2005.

鲜艳明亮的色彩给人一种欢快愉悦的感觉，而深暗的色彩则容易让人感到郁闷。因为色彩容易被人看到和感觉到，所以它通常是道路绿化空间重要的构图要素。

1）植物色彩搭配

在道路绿化设计中通常会用到两种色彩类型：一是背景色，也称基调色，发挥调和景色作用；二是重点色，起强调作用。植物色彩的搭配主要有以下几种情况：

（1）同色系搭配

单色系植物颜色简洁、单纯，在搭配上可以达到基调的统一，并引导人的注意力往细节上去，植物的形态、结构和种植构成可以得到强调。但同色系植物的配置也极易产生单调感，使人很快失去兴趣。为解决这个问题，可以在植物色彩的明度、纯度以及植物的体量、姿态和质感上做出变化，从而取得整体上的协调，形成较为丰富的视觉景观（见图 3-18）。

图 3-18　绿色系植物搭配

（2）近似色搭配

近似色搭配是指用色相环上相邻或相近的两种、三种或四种颜色进行组合搭配，[1]如红、橙、黄相配，黄、绿相配等。这种配色方法既有基调上的共同倾向，又有色彩

---

[1] 马菁. 景观设计理论与实践研究［M］. 北京：中国水利水电出版社，2016.

上的差异；既有过渡，又有联系；既有整体上的协调统一，又变化有序，主要用于花卉搭配，常见于道路导向岛、道路绿带等处（见图 3-19）。值得注意的是，近似色搭配也有主色调与配色之分，各种色彩的面积不能等量分布。

图 3-19　分车绿带上花色相近的植物搭配

（3）对比色搭配

对比色也称补色，是指色相环中相差 180°，相互对应的两种颜色。红、黄、蓝三原色中任一原色与其余两原色的混合色也互为对比色，如红和绿、蓝与橙、黄与紫等，[①] 园林绿地中常见的"万绿丛中一点红"就是对比色运用的典型代表。由于色彩对比强烈，对比色搭配很容易呈现出活泼、跳跃的景观效果，多用于宽敞开阔、视距较远的场合或重点位置，以渲染氛围，吸引人们的注意力（见图 3-20）。

如果对比色运用不当，会引起强烈的刺激感，甚至产生艳俗感，给人造成视觉疲劳和审美疲劳。因而对比色搭配应合理分配植物色彩的面积比例，谨慎选择色彩的明度与亮度，使植物在颜色上深浅不同、鲜艳有别，并且有主次之分。另外，还可以在强烈对比色之间使用白色花卉加以分隔，以取得更好的协调。

---

① 陈文德. 风景园林种植设计原理 ［M］. 成都：四川科学技术出版社，2015.

图 3-20　分车绿带上的黄色花和紫色花对比搭配

（4）冷色与暖色搭配

色彩的冷暖是依靠对比而产生的感觉。将冷、暖色并置对比使用，可以增强色彩自身倾向，使暖色更暖，冷色更冷。但如果运用不当，则会显得过于唐突和跳跃。

2）植物色彩的应用要点

植物的色彩通过树叶、花朵、枝干、树皮和果实等表现。由于植物外表大多被叶片所覆盖，叶片色彩所呈现出来的效果往往是大面积的。树叶色彩作为植物色彩最基本的元素，主要表现为绿色，其间伴随着深浅变化，呈现黄、蓝和古铜色色素。[①] 花色与果色是季节性的，通常用作点缀色。至于落叶植物，冬季叶子脱落后，其色彩主要表现为树枝和树干的色彩。

植物的色彩与道路绿地的空间构图、空间艺术的表现力及意境的创造都有着密不可分的关系，在道路绿化中的运用应做到以下几点：

（1）植物色彩的选择应与道路功能相符合

不同功能的道路对景观的要求不同，植物色彩的配置应根据道路功能要求而定。交通性城市道路为满足安全交通功能和快速行车的视觉要求，通常以简洁、大色块的深绿色作为基调，间隔设有较为活跃的景色，整体色彩风格是统一或规律性变化的，且变化不宜过繁。生活性城市道路则根据周边用地性质和功能要求来决定植物的色彩要表达何种氛围，整体色彩变化较丰富。

---

① 支利军. 园林景观设计中色彩学的运用 [J]. 轻工设计，2011（6）：177.

（2）植物色调的选择应与周围环境色彩相协调

道路植物景观并不是独立存在的，而是与铺装、建筑、小品、环卫设施、照明设施以及自然植被等一起存在于一定的道路环境中。周围环境的色彩，特别是建筑，对道路绿化植物色彩的配置有着重要的影响。因此，道路绿化植物色彩的选择应与周围环境的色彩相协调，创造和谐有趣的色彩景观。例如，在进行植物色彩设计时，可以适当地利用道路绿地中的一些垂直景物，如建筑墙面等，作为背景，突出前景的树木、花卉等，使之更加鲜明清晰。

（3）道路绿化色彩设计应体现地方特色

法国著名色彩学家朗科罗教授的相关实验研究表明"地理环境与色彩具有联系性，不同的地域产生不同的色彩形式"。[①] 色彩具有地理性特征，道路绿化植物的色彩设计应结合当地人文、风俗和气候等来进行，以展现地方特色。

另外，在同一环境条件下，同一城市的道路在绿化配置上极易出现雷同情况。为增强道路的可识别性，城市道路特别是核心主干道的绿化设计应在城市共性的基础上重视其个性的体现。在色彩设计方面，可以通过设置色彩主题如红色、黄色、粉色或蓝紫色等来体现色彩美。如在道路绿带上合理搭配种植同一色系的开花植物或彩叶植物，以此强化道路的色彩特征，加深人们对道路的识别与记忆。

（4）植物配置中色彩的组合应与植物其他观赏特性相协调

相较于平面上的单一，色彩在立体中由于受光量的不均性，所呈现出来的效果更为丰富。因此，同样的色彩在不同类型植物上所表现出来的效果也是有所差别的。植物的色彩应与植物尺度、姿态等观赏特性相协调，以达到相辅相成的效果。植物色彩的搭配既要能突出植物的尺度和姿态，又要有利于色彩的表达。例如，要以植物的尺度或姿态作为设计主景时，应选用兼具鲜艳色彩的植物品种，以进一步吸引人们的注意力。

（5）植物色彩以主色调的运用与重复为主

在一定范围内，如果占据视觉主导位置的植物色彩相同或相近，可以实现整体配色的统一。为避免色彩上的混乱，在进行道路植物色彩设计时，应先确定道路景观的主体色调，植物的色彩以主色调的运用与规律性重复为主，其他色调作烘托渲染，从而达到色彩上的整体均衡。

（6）合理安排基调植物与色彩植物的比例

道路绿化景观设计应合理安排基调植物与色彩植物的比例。宁绮珍对广州道路绿地的色彩研究表明：当一条道路中色彩植物的品种数量占比为1/3，色彩植物种数（乔木＋灌木）：基调植物种数（常绿＋落叶）≥3时，道路色彩景观效果较佳。[②]

---

① 赵瞳，刘璐. 城市道路绿地景观色彩的设计方法探究——以平顶山大香山路景观提升改造设计为例 [J]. 环境保护与循环经济，2016，36（4）：45，49，69.

② 宁绮珍. 广州市城市道路绿地景观设计研究 [D]. 广州：华南理工大学，2012.

（7）结合植物季相变化来设计

由于华南地区的季节变化不明显，在道路绿化色彩设计上宜选用具有色相变化的绿色植物作为基调，合理安排常绿树种与落叶树种的位置和比例，同时选择持续较长的花色和秋色（秋色叶树种进入秋季或经霜后叶片变化的颜色）作为辅色或点缀色，在构图上取得层次丰富的景观效果。

5. 植物的质感

植物质感是指植物材料表面的触觉和视觉特征，其受植物叶片大小、树皮外形、枝条长短、生长习性等植物本身因素和植物观赏距离等外界因素的影响，[①] 是植物主要的观赏特性之一。尽管植物的质感并不像色彩那么引人注目，也没有尺度和姿态那般为人所熟知，但它却能触发人们丰富的心理感受，对道路绿化景观布局的协调性、多样性、空间感与设计氛围的营造等都有着重要的影响。在道路绿化设计中，巧妙地利用植物的质感，能加强道路绿化景观的艺术感染力，增加景观的趣味性和丰富性。

1）植物质感类型

根据植物的质感在景观中的特性和潜在用途，可将植物质感大致分为以下三类：

（1）粗质型

粗质型植物通常由大叶片、疏朗而粗壮的枝干（无细小枝条）以及松散的树冠形成，[②] 如广玉兰、鸡蛋花、棕榈、木棉、苏铁等。粗质型植物若置于细质型植物之中，会产生跳跃感，引起观赏者的关注，因此常作为视觉焦点或突出景物设置。在道路绿化设计中，可将粗质型植物作为行道树来提供遮阴，也可作为主景树来吸引人们的注意。但应适度使用，以免造成景观的零乱或布局上的主次不分。

粗质型植物在视觉上趋向于观赏者，会使人产生与植物之间的可视距离小于实际距离的错觉。[③] 如果在一个空间中过多地使用粗质型植物，会使得整个空间显得比实际尺寸要小，从而产生拥挤感。因此，在狭小空间配置粗质型植物应小心谨慎，要合理安排其位置和数量，以免空间被"吞没"。

由于粗质型植物看起来显得空旷、疏朗，组成的园林空间景观较粗放，多用于不规则的景观中，而难以适应那些要求形式整齐、轮廓鲜明的规则景观。比如，立交桥绿地多为规则式绿地，较少选用粗质型植物。

（2）中质型

中质型植物是指那些具有中等大小叶片、枝干中粗，以及具有适度密度的植物。[④] 此类植物占植物品种的绝大多数，如木槿、紫薇、无患子、银杏、榕树等。由于此类

---

① 刘汉鹏. 榆林市园林绿化植物选择与配置研究［D］. 咸阳：西北农林科技大学，2006.

② 李玉琴，卢存兴，刘兆岩. 植物的质感特性及其在景观设计中的应用［J］. 世界家苑，2014（3）：263.

③ 胡清林. 南亚热带地区园林植物景观空间营造探究［D］. 福州：福建农林大学，2016.

④ 张毅. 植物造景在景观设计中的应用［J］. 山西建筑，2011，37（2）：187-188.

植物的中性地位，在道路绿化种植中所占的比例最大，形成了道路绿化种植设计的基本结构。同时，中质型植物也可作为粗质型与细质型植物的过渡成分，将整个道路绿化种植布局的各个部分连接起来，使之成为统一的整体。

（3）细质型

细质型植物具有细小的叶片、微小脆弱的小枝，以及整齐、紧凑的特性，[①] 如小叶榄仁、黄金叶、南天竹、天门冬、沿阶草等。细质型植物柔软纤细，极不显眼，因此在视觉上有远离观赏者的倾向，从而有扩展空间之感，特别适用于紧凑型空间。

由于细质型植物叶小而多、枝条茂密、轮廓清晰，且部分植物耐修剪，可形成不同的观赏形式，是组成花坛以及道路绿带的主要植物类型。

2）植物质感应用要点

质感对于道路绿化种植设计来说是一个能增加尺度、变化以及趣味的设计工具，在应用中应注意以下几点：

（1）不同的植物质感不同，相同植物的质感也会随着周围环境的变化或观赏距离的远近而发生相对的改变，还有些植物在不同的生长季节，其质感表现也不同。所以，在植物设计时，应对植物的质感变化有预见性，要在变化中求稳定。

（2）在应用植物的质感时，应充分考虑植物与植物组群、道路环境以及道路空间大小之间的协调关系。在植物质感搭配上，可运用统一调和、相似调和、对比调和等方法实现植物质感之间的和谐（见图3-21）。根据道路空间的性质和大小不同，不同质感植物的比例也有差异。大空间内可较多选用粗质型植物，以显得空间粗犷、刚健。而在小空间则多种植细质型植物，均衡搭配其他不同质感类型的植物，使得空间有放大之感。

图 3-21　不同质感植物的调和搭配

---

① 徐玉红. 园林植物观赏性与园林景观设计的关系［J］. 山东农业大学学报（自然科学版），2006（3）：465-470.

（3）不同质感植物过渡要自然。如果不同质感的植物小组群过多，或粗质感与细质感植物之间的过渡太突然，整体布局都会被打破而显得零乱。质感的变化应循序渐进，尽量减少对整体感的破坏。

（4）植物质地的选用应结合植物的尺度、姿态和色彩等特性，以达到相辅相成的效果。如要突出某种植物的色彩或姿态，可选取色彩较为暗淡、质感较为纤细的植物种类作为衬托。

3.2　道路绿化的空间特征

1. 体线性

简·雅各布在《美国大城市的生与死》中写道："城市中道路担负着重要任务，然而路在宏观上是线，微观上都是很宽的面。"[①] 城市道路作为具有尺度的线性空间，为城市中人们的活动提供了一个移动轨迹。同时，道路绿地亦沿着这个轨迹展开布局，呈现出狭长的线性空间特征，具有明显的方向性。

2. 动态性

城市道路是流动性空间，其使用主体是运动的汽车和路上的行人。随着车流和人流的不断移动，人与道路绿化景观之间产生相对位移，有移步换景、步移景迁的效果，给人以不同的空间景观感受。

此外，人类活动不仅是空间行为，也是时间行为，两者的区别是，空间是可以循环往复的，而时间却是无法逆转的。人们在不同时间经过同一道路，会有不同的视觉感受，同时脑海中闪现之前经过道路时的记忆，可达到主观空间与时间的复合，给人以心理上的时空变化感受，具有时间动态性。

3. 综合性

从景观元素上分析，道路绿化植物并不是独立存在的，而是与建筑、道路公共设施和自然植被等共同存在于一定的道路空间环境中，其设计受到周围多种环境因素的制约；从功能上看，城市道路绿地在城市中承担交通辅助、景观组织、生态保护和文化隐喻等多重功能作用，是集功能、景观和环境为一体的综合性空间。

4. 复杂性

道路绿地空间的复杂性主要体现在使用人群和交通工具的复杂上。活动于城市道路绿地空间的有静坐的观赏者、缓慢散步的休闲者、疾步行走的赶路者以及乘坐不同交通工具的人群。人们在这个空间使用的工具和活动的目的不同，移动速度不一，对道路绿地景观设计的要求也不同。

---

① 王浩，谷康，孙新旺，等. 城市道路绿地景观规划［M］. 南京：东南大学出版社，2005.

3.3 城市道路绿化设计的基本原则

1. 以人为本原则

城市道路空间是人与货物交通运输的通道，人群出行目的不一，选择的交通工具不同，所获得的空间体验也有所差异。例如，休憩步行者移动缓慢，或观景游街，或静坐闲聊，对道路景观的整体感受较深；上学、上班和办事的行人等以穿越街道为目的，步行速度较快，逗留时间较少，更关注道路通畅与否、过街安全与否等问题，只有一些引人注目的东西或特殊的变化才能引起他们的注意；骑行者一般以通行为目的，少量带有游赏目的，较多留意道路交通情况，对两侧景观细节关注度较低；机动车驾驶者处于高速移动状态，注意力集中在车道上，只有在放缓速度时才会观赏两侧景物，但车内的乘客可通过窗口感受城市的景观风貌。城市道路的主要服务对象是城市居民，其绿化设计应体现以人为本原则，对人们交通过程中所产生的行为规律和视觉特性加以研究，使之符合使用者的需求。

另外，在设计上也不能忽略某些特殊人群的需要，如在人行道上应尽量减少选择杨树、柳树和法国梧桐等会产生飞絮的树种，避免对某些易过敏人群的伤害。

2. 整体性原则

从城市整体角度上看，城市道路绿地是城市绿地系统的重要组成部分，其规划设计应介入到城市的总体规划设计阶段，服从于城市整体规划目标，如此才能达到城市层面上的和谐统一。在进行道路绿化规划设计时，应着眼于城市整体规划布局，从宏观上确立基本架构和格调，展示城市个性，体现城市整体形象。

从道路本身出发，同一条道路的绿地景观需具备完整性，应与道路公共服务设施、两侧建筑以及周边自然环境等相协调，形成统一的风格。道路各标准段还应在主题表达、风格定位和形态变化等方面处理好整体与局部的关系，使空间在整体上具有连续性。

城市道路绿化设计应从城市规划的全局出发，结合道路其他景观元素，形成既保持整体基本格调又自成特色的绿化景观。

3. 连续性原则

城市道路绿化景观规划设计的连续性主要表现为视觉空间上的连续性和时空上的连续性。

首先，道路空间属于线性空间，人们沿道路活动，如果道路绿地设计前后反差大、变化频繁，易造成视觉混乱。因此，道路绿地设计应注意保持连续性，在植物的选择和配置上统一风格，不同标准段的绿化设计也应营造同一气氛，保持绿化风格在线性上的协调。此外，两个标准段交汇处的植物配置应过渡自然，交叉口、交通绿岛等节点处的设计也要注意空间的连续性表达。

其次，城市道路绿化景观记载着一年四季的变化，在经年累月的日子里还见证了城市的历史和变迁。城市道路绿化规划可通过植物季相的合理搭配表现四季变化，给人以时间感和季节感。将城市历史和文化巧妙地融入道路绿地规划中，也是使道路绿化景观表现出时空连续性、展现地方人文特色的有效方法。

4. 序列性原则

作为城市景观的骨架，城市道路绿地景观在规划设计上应综合考虑各道路绿地节点之间的关系，将其有序地组织和联系起来，实现道路绿地点、线、面的有机结合，并建立起连贯的景观序列，形成完整的城市道路绿地系统，从而达到使人休憩于道路绿点，运动迁徙于道路绿线，聚集于道路绿面的设计目标。

5. 景观特色原则

每个城市的气候、土壤、地形等自然环境条件不同，也有着各自的历史背景、文化特色，为城市道路绿化个性的建立奠定了基础。城市道路绿地规划应结合当地特色，在保护现有自然资源和人文资源的基础上，对其进行利用、继承和发展，将沿线风景点和文化古迹合理地组织到道路环境中来，不仅可以形成自身城市绿化风格，体现城市个性，避免出现"千城一面"的景象，还可以引起市民的共鸣，使其产生认同感。

城市道路还应在保持城市共性的基础上形成自身特色，营造"一路一树""一路一花""一路一景""一路一特色"等景观效果，增强道路的可识别性。城市门户通道、主干道等展示城市形象的道路在绿化设计上应尽量做到各有特色、各具风格，反映城市绿化的特点及水平。

6. 远、近期相结合原则

道路绿化建成初期所用的植物一般相对较小，通常需要几年甚至十几年的时间才能形成较好的景观效果。因此，城市道路绿地的规划既要重视近期效果，又要有长远的眼光；既要使道路绿化尽快发挥作用，又要充分了解各种植物的生长变化，使其长至成熟期时达到最佳效果。道路绿化效果的形成不是一蹴而就的，而是一个漫长的过程，所以需要将其近期建设与远期效果相结合。

3.4　道路绿化空间布局与景观设计

3.4.1　空间布局

芦原义信认为"外部空间的设计从某种意义上就是把大空间划分为小空间，通过各种手法对室外空间加以限定，使空间更加充实"。[①] 在道路绿化设计中，植物以其空间建造功能实现对道路空间的围合与划分，并将一系列空间组合成一个完整的空间序列。在利用植物构成道路绿化空间时，设计师应先明确空间性质和设计目的，再根据道路的具体情况进行相应的空间表达。但无论选择何种空间表达方式，其设计的重点

---

① （日）芦原义信. 外部空间设计［M］. 尹培桐，译. 北京：中国建筑工业出版社，1985.

都在于营造使用者的空间体验。其中，使用者的空间体验有静态与动态之分。

1. 静态空间布局

静态空间布局是指使用者在视点相对固定的情况下所感受到的景观。[①] 在道路绿地规划设计中，注重对城市广场、路侧绿带局部扩大形成的活动场地和游憩型道路等较多行人停留、休憩场所的静态空间营造，有助于形成美观、舒适、充满生活气息的道路绿化空间。

1）静态空间的视觉规律

静态景观是在相对固定的空间范围内观赏到的，其观赏位置和效果之间有着密不可分的联系，因此充分利用人的视觉规律可以创造出良好的景观效果。根据相关研究可知，正常人在25～30 m视距范围内可以明确地看清景物的细节，在250～270 m处则可以辨别出景物的类型（见表3-3、表3-4）。按照人的视网膜鉴别率，正常人静观最佳垂直视角为26°～30°，水平视角约为45°（见表3-5），也就是说人们静观景物的最佳视距为景物高度的2倍和宽度的1.2倍。所以应尽可能在此范围内安排视觉重点，如主景树、优美的树丛等，以获得更清晰的景象和相对完整的静态构图，从而达到最佳景观效果。但即使是静态空间布局，赏景位置也不是唯一固定的，应满足使用者在不同部位的赏景需求。建筑师认为，由全景到细部的观景过程中会出现三个最佳视点（见图3-22），分别是垂直视角18°（景物高的3倍距离）、27°（景物高的2倍距离）、45°（景物高的1倍距离）。当在城市广场特别是纪念性广场布置纪念雕塑时，可以在上述3个视点位置为游人创造较开阔的休憩场地。

表3-3　植物景观观赏距离与植物观赏特性的关系

观赏距离 /m	植物观赏特性
0～2	植物的整体效果，植物的根、树皮、花、果、干、枝等的感官效果
2～10	树冠、枝下高、疏密度、气味、树木配置等微景观效果
10～30	植物叶、花、果实等
30～60	林内树干的视觉效果、树林的生态空间
60～500	树种、树形、树干以及群落的整体效果
500～1 000	树种的变化组合、树林的局部效果
1 000～5 000	树冠的明视及辨别区域、森林局部效果
5 000～10 000	树林的整体辨别区域、树林景观的视觉界限
10 000 以上	天然地形、地貌等

资料来源：李树华.《园林种植设计学理论篇》.

[①] 肖姣娣，覃文勇，曹洪侠. 园林规划设计［M］. 北京：中国水利水电出版社，2015.

表 3-4　视距规律

视距 /m	视觉感受
25～30	正常人清晰视距
30～50	能看到景物细部
250～270	可识别景物类型
500	能辨认景物轮廓
1 200～2 000	能发现物体

表 3-5　视域规律

类别	水平视角		垂直视角	
	最大	最佳	最大	最佳
视域范围	160°	45°	130°	26～30°

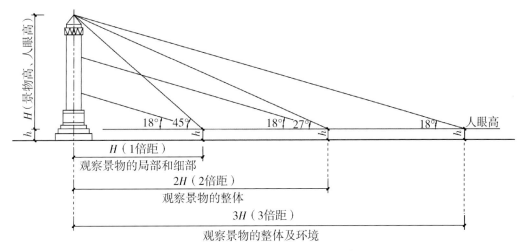

图 3-22　视点、视域、视距关系示意图

2）静态空间造景手法

（1）借景与障景

计成在《园冶》"兴造论"中提到"极目所至，俗则屏之，嘉则收之"。在城市道路绿化景观设计中，应注重与周围环境的协调关系。对于沿途具有观赏价值的自然景观和人文景观，可留出适当的开敞空间，创造透景线，将其"借"到道路空间上来（见图 3-23），展现地方特色。如南京的北京东路借北极阁之景，北京的景山前街借景山之景，海南的沿海道路借海洋之景等。借景又可以细分为近借、远借、邻借、互借、仰借、俯借、应时而借等，根据道路与所借之景的位置不同，采用的借景手法也有所不同。而对于街上杂乱无章的景色，则可以设置植物屏障，将其挡在视线之外。

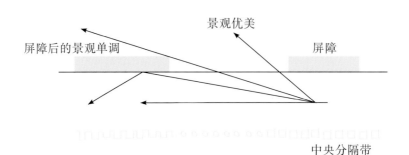

图 3-23　借景与障景

（2）对景

一般来说，直线道路常常列植行道树以形成一点透视，在轴线上设置建筑、雕像、特殊造型的植物、山石等标志性的构筑物，可以达到视觉上的对景。在道路中轴线的一端布置景点称为正对，两端都布置则称为互对。如巴黎星形广场周围 12 条林阴道以广场为中心向外辐射延伸，均以凯旋门为对景（见图 3-24）。自然式弯路也可在沿途点缀观赏价值较高的乔木、树丛或花灌木作为对景。

在道路上设置对景，不但可以引导行人、车辆前进，明确道路的方向，还可丰富道路景观，增强道路的可识别性。当道路中间设有较宽的分车绿带时，在前方设置对景，还可将两侧道路统一起来，加强道路的整体感。

图 3-24　星形广场周围 12 条林阴道以凯旋门为对景
来源：mt.sohu.com.

（3）夹景

当远景的水平方向视界很宽，但景色又不全都很动人时，常常以建筑、树木、山石等作为屏障，将两侧并不优美的景色遮挡起来，只留下中间理想的远景，这种手法称为夹景。[①] 夹景是运用轴线和透视线来突出对景的手法，在增加远景深度感的同时，可以起到突出主景的作用。

这种做法常用在道路的景观组织上，如在道路两侧列植行道树，形成左右遮挡的狭长空间，营造透视效应明显、视觉引导性强烈的景观林阴道。

（4）框景

在古典园林设计中，常用门、窗作画框，把门窗外的风景纳入框中。此种造景手法同样适用于道路绿化设计中，在有景可"借"时，有意识地利用树丛、灌丛，甚至乔木枝干等形成画框，将精美的景色摄入视野，给人以"画中游"的感觉。在设计框景时，观景点的位置应设置在距画框直径两倍以上的距离，若观景视线与画框中轴线重合，效果会更佳。

利用植物构成窗口以眺望远景，所以植物框景也常与透景组合出现。两侧的植物形成框景视图，将人的视线引向远处，这条视线称为"透景线"。[②] 构成景框的植物应高大挺拔、树形紧凑、分枝点相对较高，如桧柏、侧柏、银杏、悬铃木、水杉等。而在透景线上则应选择低于视线且观赏价值较高的低矮植物，如一些草坪、地被植物、低矮的花灌木等。

（5）添景

当视点与远方自然景观或人文景观之间没有过渡景观时，很容易缺乏空间层次，这时如果在近处或中间设有乔木或花卉作为过渡，这乔木或花卉就是添景。[③] 选作添景材料的植物往往观赏价值较高，可以是树形高大、姿态优美的乔木，也可以是色彩艳丽、自然灵动的花带。

（6）隔景

将园林绿地分隔成不同空间或功能区的手法即为隔景。[④] 隔景处理手法多样，如密隔、疏隔、疏密结合等，根据隔离材料又可分为实隔（以实墙、山石、建筑、密林相隔）、虚隔（以水面、疏林、道、廊、花架相隔）以及虚实相隔（以堤、岛、桥相隔或在实墙上开漏窗相隔）等。在道路分车绿带、行道树绿带设置绿篱就是隔景的做法。

造景手法多样，在道路绿地规划设计中可以根据道路情况运用其中一种或多种手法将沿线风景有机地组织起来，形成变化丰富、有层次感的道路空间景观。如北京北海前文津街至景山前街的一段道路就充分运用了借景和对景手法，由西向东接连创造

① 赵建民. 园林规划设计［M］. 3 版. 北京：中国农业出版社，2015.

② 冯偲. 城市景观空间中视觉心理学的研究与应用［D］. 南京：南京理工大学，2013.

③ 董薇，朱彤. 园林设计［M］. 北京：清华大学出版社，2015.

④ 赵春仙，周涛. 园林设计基础［M］. 北京：中国林业出版社，2006.

了对景团城、借景北海和中南海、对景故宫角楼、对景景山、借景故宫和景山等 5 个道路景观环境，营造了层次丰富、生动活泼的道路绿地景观空间（见图 3-25）。

图 3-25　北京北海前文津街至景山前街道路景观环境组合分析

资料来源：文国玮.《城市交通与道路系统规划 2013 版》.

2. 动态空间布局

1）动态性

城市道路对于使用者来说是一个流动的空间，一方面表现为车流、人流前进过程中的空间流动，另一方面表现为道路绿化景观的时空转换。

（1）空间动态

空间上的流动性主要体现在人的视觉运动的变化上，视觉变化的速度影响观察者的视觉感受，进而影响对景观的认知。因而，要研究城市道路绿化空间的动态布局，需先了解城市道路上人的动态视觉特性。

根据哈密尔顿和瑟斯顿对人们视觉感知方式的研究，我们可以知道人在高速移动时有以下 5 种视觉特征[①]：

①注意力加倍集中。驾驶员在行车速度逐渐加快的情况下，自身头部转动的可能性逐渐变小，心理紧张度和注意力集中度也随之增加。因此，道路两侧绿化景观不可过于突出或繁杂，以免分散驾驶员的注意力。

②注意焦点退远。在车辆行驶过程中，驾驶员通常需要足够的距离来观察道路，以预测前方路况，并在必要时采取规避措施。所以，当车速增加时，驾驶员的注意力焦点会向远处移动。相关实验表明，当车速为 40 km/h 时，注意力集中点约在前方 180 m 处；车速为 60 km/h 时，距离为 335 m；车速增至 95 km/h 时，这一距离将达到 540 m（见图 3-26）。

---

① 麦克卢斯基. 道路型式与城市景观［M］. 张仲一，卢绍曾，译. 北京：中国建筑工业出版社，1992.

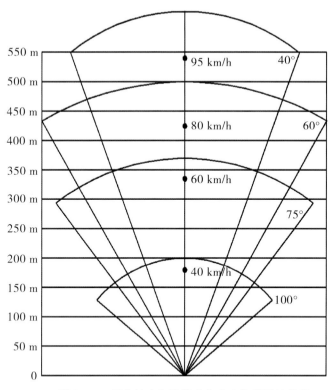

图 3-26　行车速度与注意力集中点和视野的关系

③视野范围缩小。视野可解释为当两眼注视前方某一目标时，注视点两侧所能看到的范围。随着行车速度的增加，驾驶员的视野会逐渐缩小。相关实验表明，当车速为 40 km/h 时，水平视角范围为 100°；车速为 80 km/h 时，视角缩至 60°；车速为 95 km/h 时，视角则减至 40°（见图 3-26）。

④前景细部逐渐模糊。车速越快，前方景物向后运动相对速度就越快，景物也越加模糊，驾驶员必须向更远处眺望才可获得清晰的景象。当车速为 60 km/h 时，25 m 以内的景物不能看清；车速为 100 km/h 时，模糊前距增至 33 m。

这表明道路绿化景观的设计细节对于高速行驶状态下的驾驶员来说是毫无意义的，他们只会关注到尺寸较大的景观元素，如大型的模纹花坛、大片的草坪、起伏的地形等（见表 3-6）。因此，在道路绿化设计时，应注意把握整体尺度，使之符合人的动态观景要求。

表 3-6　不同速度下驾驶员前方视野能清楚辨认的距离与物体尺寸

车速 / (km·h^{-1})	60	80	100	120	140
前方视野中能清晰辨认的距离 /m	370	500	660	850	1 000
前方视野中能清晰辨认的物体尺寸 /cm	110	150	200	250	300

资料来源：周雪芬.《城市道路空间景观设计研究》.

⑤视觉变得迟钝。在快速行车时，驾驶员的注意力集中在前方道路上，难以察觉到迎面景物尺寸及与其相对位置的变化。在行驶一段时间后，很容易失去高速的感觉，从而失去采取规避措施所需的时间和距离意识。因此，道路绿化景观设计应在统一的前提下进行有规律的变化，在减缓视觉疲劳的同时，提供空间和速度判断依据。

（2）时间动态

道路绿化空间在不同的时间状态下，所呈现出来的景观效果是有所差别的，表现出时间的动态性。

植物本身的生长过程也可以说是一个动态过程。一般而言，新建道路栽植的树木相对较小，这些树木会在道路环境中经历生长、成熟、衰老乃至死亡的过程，在不同的阶段呈现出不同的状态，营造不同的景观效果，给人以丰富的视觉体验。由于树木的生长受土壤、水分、空气以及人类活动等诸多因素的制约，不同树种或者不同规格、不同种植地点的同一树种都会表现出不同的动态变化。因此，设计师在进行道路绿化设计时，应充分了解植物各个阶段的生长习性和生态特征，结合远近期规划目标，合理地选择树种并巧妙搭配。

2）动态空间布局设计

（1）道路空间尺度

性质、功能和规模不同的道路具有不同的使用群体及视觉特征，对道路绿化的要求不一样，表现出的景观尺度、塑造的空间形态也各不相同。所以，城市道路绿化景观应根据不同类型道路的需求来进行相应的设计（见表3-7）。

表3-7　不同道路类型对应的绿化景观尺度及层次需求

道路空间类型	车速	驾车体验	绿化景观尺度	绿化景观层次
纯机动车	快	连续	开阔、宏大	简洁、整齐
机动车为主、人车混杂	较快	连续有节奏	宏大有气势	丰富
人车并重	较慢	连续、变化	稍大，较细腻	较简洁、丰富
以行人为主	慢	间断、变化	细腻、人性化	丰富
特色道路（商业步行街、滨水道路等）	无	无	细腻、有特色	可简洁、可丰富，依具体情况而定

资料来源：周雪芬.《城市道路空间景观设计研究》.

根据人的动态视觉特征可知，在快速行车状态下，只有大尺度的连续物体才能被人看清。在注重车辆快速、安全通过的车行空间，采用形式整洁、构图简单、尺度较大的绿化形式才能给人留下深刻、清晰的印象，而一些构图复杂、富于变化的绿化设计则易导致视觉疲劳。因此，以机动车为主，且车流量较大、车速较快的交通性城市道路，一般采用片植、群植、组团式种植、模块化种植等方式，营造大尺度、色彩明晰的绿化景观。随着道路人流的增多以及设计时速的降低，道路绿化景观元素的尺度可相应减小。人车混杂的生活性城市道路的绿化设计更讲究细腻、丰富、个性化，其绿化空间的营造更多地体现出场所感。

从运动速度的角度来看，城市道路中道路绿带分隔的是不同速度的交通：中间分车绿带分隔的是相向行驶的快车，两侧分车绿带分隔的是快慢车道，行道树绿带分隔的是非机动车和行人，而路侧绿带的视觉观赏主体则是行人。不同的运行状态下人们对景观的感知不同，同一条道路中道路绿带设计还应兼顾不同人群的需要，根据不同使用者的视觉特性选择相应的尺度模式。

（2）统一与变化

在动态活动中，如果道路绿化设计变化频繁，容易显得杂乱无章，造成人们的视觉混乱，不利于行车。因此，道路绿化设计在树形、色彩、质地、高度、线条及比例等方面应具有一定相似性或一致性，形成统一的风格。但过分的一致又会产生单调、乏味、枯燥之感，极易造成视觉疲劳与审美疲劳，这又要求道路绿化设计应有相应的变化，以丰富道路景观。统一与变化是贯穿在城市道路绿化空间布局的一个基本原则，其中，统一意味着局部与局部、局部与整体之间的和谐关系，而变化则体现出它们之间的差异性。

城市道路绿化景观动态规划应遵循统一与变化原则，综合考虑整体景观要素，奠定设计基调，统一设计风格，以统率整体空间布局。如在进行道路绿化规划设计时划分基调树种、骨干树种和一般树种，其中基调树种的品种虽少，但量大，统一了城市道路绿化的基调及风格，而一般树种数量少，但种类多且色彩丰富，可起到变化作用。在行道树绿带上等距种植同种、同规格的乔木以体现统一，在不同地段于乔木下层配置高矮、大小、形状、色彩不同的灌木或地被以体现变化。在分车绿带或路侧绿带使用图案造型或修剪造型的植物色块布置，体现出其形式的统一感，互成对比的色块又表现出差异性。

道路全程较长，在设计时根据用地环境对其进行景观分段则是从宏观层面实现道路景观统一与变化的有效手段。以标准段的重复体现统一，各标准段在保持整体景观统一的前提下，结合各路段的环境特征做出相应的变化，以增加道路绿化景观的多样性与层次感，从而达到变化与统一的效果。

（3）节奏与韵律

节奏与韵律是指同一要素有规律地重复和有组织地变化所产生的空间效果，体现出一种有规则、有秩序并且富于变化的动态连续美。[①] 城市道路是线性空间，运动中的人们在这个空间不断地转换观景视点，为了避免人们在这个连续运动过程中视觉混乱或感到乏味，道路绿化动态设计应注意把握空间的节奏与韵律。

---

① 雷振华. 多样统一规律在园林绿地中的应用 [J]. 内蒙古林业调查设计，2013（5）：15-16.

　　由于在快速行车状态下，司乘人员只能识别道路绿化景观整体的概貌和轮廓特征，道路绿化的规划设计应强调韵律的简洁，重复出现的标准段在满足空间和层次需求及色彩对比的基础上，要追求构图简洁、植物轮廓鲜明、色彩明确，使其便于识别与记忆。

　　根据形式的不同，韵律可分为连续韵律、渐变韵律、起伏韵律和交错韵律（见图3-27）。无论以何种形式出现，韵律都具有鲜明的重复性、条理性和连续性。在道路绿化布局中，通过对节奏的把握，创造有韵律感的景观，不仅可以加深人们对道路景观序列的感知和体验，还有助于道路绿化统一与变化的实现。

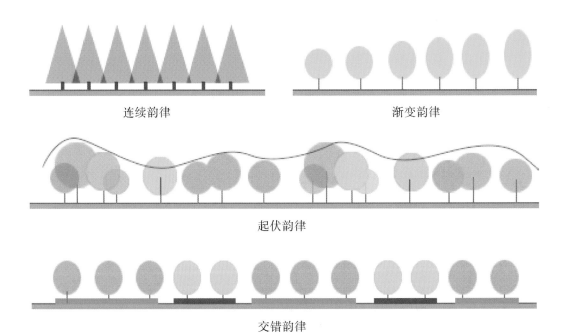

连续韵律　　　　　　　　　　　　　　　渐变韵律

起伏韵律

交错韵律

图3-27　韵律的形式

　　另外，道路绿化设计还应注意对其韵律的控制，使标准段重复的频率既能满足车行观景需要，又富于变化且刺激得当。相关研究表明，人眼辨清目标所需时间为5s。当车速为40～60 km/h时，车内司乘人员视线在5s内经过的距离为55～83 m，车行空间中树群的大小或连续节奏应以此为依据，如此方能给人留下完整明晰的印象；[①]对于使用非机动车的人群，非机动车速度一般在10 km/h以上，5s内通过的视野大于14 m，因而非机动车道的绿化组团的变化节奏应在此数值之上；而步行者的速度较低，

---

① 郭建梅，朱秋成. 车行视角——城市道路绿化调研的几点思考［C］. 北京：中国风景园林学会，2011.

以正常人的步行速度 5 km/h 来算，其 5s 通过的距离仅为 7 m，应按照乔木的冠幅来把握景观节奏，以满足行人的观景需求。目前，我国道路绿化景观单元常用尺度为 50 m、100 m 和 150 m 这三种，以这些尺度为单元的标准段组合成一定的景观序列与节奏，交替使用，既可满足人们的动态观景需求，又可形成良好的景观效果。[①]

（4）季相设计

在一年四季的变化过程中，植物会产生叶长叶落、花开花谢等形态和色彩变化，表现出不同的季相特征。植物外观的周期性变化不仅展现出良好的观赏效果，同时也为创造道路绿化四季演变的时序景观提供了条件。

在进行道路绿化设计时，应充分了解植物的生长特征和生态习性，根据植物的季相变化特点，可将不同季相的植物搭配在一起，使得道路在不同季节表现出不同的景观效果，给人以不同的时令感受；也可将相同季相的植物合理搭配，连片栽植，以形成热烈的氛围，具有强烈的艺术感染力和视觉冲击力。在华南地区，夏季普遍较长，四季变化不明显，应多选用花期长的植物营造四季常绿、花开整年的绿化景观。

植物的季相景色虽然观赏性较高，但其季相变化是周期性的，属于暂时性景观，观赏期后景色平常。因此，道路绿化景观设计不能只依据植物的季相特征来进行植物布局，要注意处理季相景色与背景或衬景的关系，处理好观赏季节与其他季节景色的搭配和过渡，以防止繁荣景色之后的萧条寂寞状况。[②]

3．道路绿地总体布局

（1）城市道路绿地景观沿着道路的走向呈点状（街头绿地、交通岛绿地等道路节点景观）、线状（道路绿带等道路线形景观）、面状（大面积的疏林草坡、大型城市广场等道路景观面）分布，城市道路绿化设计应对其进行有序的组织和合理安排，以线串点，以线带面，将各个绿地空间连接起来，营造开合有序、特色分明的绿化空间，建立起点、线、面相结合的绿地景观空间序列，并实现景观、生态、文化、功能的完美结合。

（2）由于道路上有不同的使用人群，具备人与车两种尺度，道路绿地布局需考虑使用者的视觉特征及行为习惯，营造兼顾动态浏览和静态浏览的道路绿化空间。交通性道路按照快速行车速度来考虑景观尺度、节奏与韵律；生活性道路设计时速较慢，其绿化尺度及变化节奏可相应地减小；林阴路、滨河路以静观为主。中间分车绿带、两侧分车绿带、人行道绿带分隔的分别是快车道、快慢车道、慢车道与人行道，应根据其运行状态选择相应的尺度设计，从中间分车绿带到人行道绿带，其设计尺度可逐级递减，而路侧绿带、交通岛绿地、广场绿地设计以静态观赏为主。

---

① 杨惠中. 城市出入口道路绿地景观规划设计研究［D］. 合肥：安徽农业大学，2013.
② 陈月华，王晓红. 植物景观设计［M］. 长沙：国防科技大学出版社，2005.

（3）由于主干路和次干路上的交通流量大，尘埃、噪声和废气污染严重，行人往返穿越车行道不安全，所以不得将主、次干路的中间分车绿带和交通岛绿地布置成可供行人休憩的开放式绿地。

（4）路侧绿带宜与相邻的道路红线外侧其他绿地结合设计，以增强道路绿化效果，形成完整和谐的绿化景观。对于人行道毗邻商业建筑的路段，可将路侧绿带与行道树绿带合并设置。而当道路两侧的环境条件相差过大时，宜将路侧绿带集中布置在条件较好的一侧。

（5）道路绿地布局还应遵循《城市道路绿化规划与设计规范》的相关规定。

3.4.2　景观设计

（1）道路绿地景观规划首先应确定道路的性质、功能及其在城市整体景观中的定位和作用，根据道路的特点选择相应的绿化形式。比如，景观大道是城市的重点路段，承担着代表城市形象的重要责任，也是道路绿化的重点，其设计应结合城市环境，选择观赏价值较高的植物进行合理配置，形成完整、连续和具有韵律感的绿化景观，展示城市面貌和地域特色；而一般的主干道不同于景观大道，其设计应以绿色安全导向为前提，强调植物配置的大尺度变化和色彩搭配，追求稳定、完整的绿化效果。

（2）城市道路绿地规划应着眼于大局，在宏观层面上建立基本构架，选定基调树种，同时着力丰富细部景观，讲求变化有序和主次分明，以取得整体上的和谐统一。

（3）同一条道路应保持绿化的整体协调性，形成统一的风格。道路全程较长，可进行景观分段，每个标准段可在保持整体景观统一的前提下结合各路段的特点做出相应的变化，以增加层次感，丰富道路绿化景观。

（4）同一段道路上可分布有中间分车绿带、两侧分车绿带、行道树绿带、路侧绿带等多条绿带，各绿带的设计应相互协调，在植物配置上注意高低、色彩、形态和季相搭配，形成有层次、有变化的绿化带景观，更好地发挥隔离、防护作用。

（5）绿地形式和植物选择应与周围环境相统一，通过合理搭配植物的姿态和色彩来烘托总体氛围。毗邻山、河、湖、海等自然资源的道路，其绿化设计还应将周边优美的自然环境组织进来，展现地方自然风光。

第 4 章　华南地区道路绿化设计

4.1　道路绿化设计基本原则

为了更好地创建道路绿化景观，发挥城市道路绿化改善生态环境的作用，道路绿化设计不能只单纯考虑其功能要求，应统筹考虑道路性质、安全行车需求、景观艺术性、绿化建设经济性、与周围环境的相互关系等因素，并遵循以下原则：

1. 与道路性质、功能相适应

现代城市道路网系统复杂，不同道路的性质、功能不同，道路景观元素要求也不一样。因而，道路绿化设计不能一概而论，应先对道路进行调查研究，明确其性质定位，并根据道路级别、用地情况、道路环境等诸多因素确定绿化布局形式和植物配置等，营造满足道路功能要求的绿化景观。例如，对交通干道和快速路而言，车速是其景观构成的重要因素，道路绿地的规模设置和绿化设计都无法脱离速度因素来进行；居住区道路与城市干道功能不同、尺度不同，导致道路绿地树种在树形、高度、种植方式等方面的要求也不同；而商业步行街的绿地不宜选择高大树木、种植也不能过密，否则体现不出商业街繁华的特点。

2. 满足交通安全需求。

道路安全性是城市交通的命脉，城市道路绿化设计应符合行车视线和行车净空要求。

（1）行车视线要求：城市道路交叉口、弯道、分车带和交通岛等往往是事故易发地点，这些路段的绿化安全性设计尤为重要。在道路交叉口视距三角形范围内（图4-1）和弯道内侧的植物配置不能妨碍驾驶员的行车视线，应保证足够的行车视距（表4-1、4-2）；弯道外侧的植物应沿着道路边缘整齐连续种植，以提醒驾驶员道路线形变化，诱导行车视线；分车带的绿化设计应保证驾驶员的视线开阔，当有人行横道或道路出入口从中打断时，在行车方向到人行横道和出入口之间要留出足够的安全停车距离，并且此段分车绿带植物的种植高度不得高于 0.7 m。

（2）行车净空要求：各种道路的设计已经规定了道路的行车空间，而绿化植物不得侵入此空间，以保证行车净空要求（表4-3）。

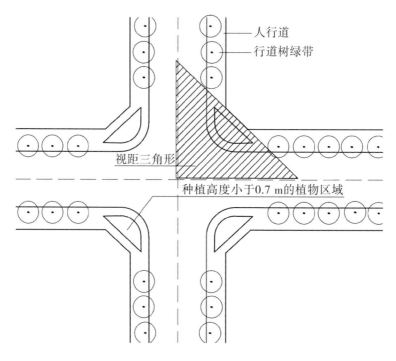

图 4-1　道路交叉口视距三角形示意图

表 4-1　平面交叉视距表

计算行车速度 / (km·h⁻¹)		100	80	60	40	30	20
停车视距 /m	一般值	160	110	75	40	30	20
	低限值	120	75	55	30	25	15

来源：臧德奎.《园林植物造景》（第 2 版）.

表 4-2　安全停车视距表

序号	城市道路类别	停车视距
1	主要的交通干道	75 ～ 100
2	次要的交通干道	50 ～ 75
3	一般的道路（居住区道路）	25 ～ 50
4	小区、街坊道路（小路）	25 ～ 30

来源：李世华、陈念斯等.《城市道路绿化工程手册》.

表 4-3　城市车辆行车的净空高度

项目	机动车辆			非机动车辆	
行驶车辆种类	各种汽车	无轨电车	有轨电车	其他非机动车	自行车、行人
最小净高 /m	4.5	5.0	5.5	3.5	2.5

来源:《城市道路设计规范》(CJJ 37—90).

3. 艺术构图，延续地方人文特色

道路是城市展示自身形象和实力的空间，其绿化设计在满足绿化功能的基础上，还需考虑美的问题，应综合运用各种艺术布局手法，结合周围环境，将道路塑造成城市景观长廊，充分展现城市自然景观特色和人文特色。在植物配置方面，应充分挖掘城市的地域文化特征，将自然绿色主线与人文主线相结合，营造具有本土特色的植物景观。通过栽植乡土树种、市花或对城市具有历史意义的树种，打造具有地方特色的道路绿化风格。如广州将市树木棉栽植于道路上，每年三四月街上鲜花盛放，赏花正当时；深圳市市花簕杜鹃被广泛运用于道路绿化，四季鲜花盛开，处处体现南国风光。这种绿化景观是传播、弘扬城市文化的一种重要手段，延续地方人文特色已成为当今城市道路绿化种植设计需要遵循的原则。

4. 保护环境，持续发展

可持续发展是当今社会发展的主题，城市道路绿化设计必须立足于环保，合理选择植物类型和种植方式，使其充分发挥生态效益，提供遮阴、净化空气、滞尘、减噪等环境保护功能。

道路是随着城市的发展而发展的，在道路绿化规划过程中难免会与原有自然生态环境产生矛盾。为了实现生态效益的最大化，道路绿化设计应最小限度地干扰周围自然环境，尽可能地保留原有湿地、植被等自然生态资源，并在维护其良好生态功能的前提下，灵活运用各种植物造景手段来体现出较强的景观性。道路沿线的古树名木或有价值的其他树木也必须严加保护，按照《城市绿化条例》和相关规定执行，对于衰老的古树名木还应采取复壮措施。

此外，道路绿化规划设计还应结合给排水设施进行，绿地坡度、坡向设置除有利于自然排水外，还应与城市排水系统相联系，以达到防止绿地积水的目的。

5. 与市政公用设施、建筑协调一致

道路绿化设计应保证种植树木所需的立地条件和生长空间，否则，会导致树木生长发育不良，甚至死亡，最终不能达到道路绿化的目的。但是，城市道路用地空间有限，除了道路绿化外，照明设施、交通设施、架空线和各种地下管道等市政公用设施也都安排在这个空间里。所以，统筹安排道路绿化与这些设施的位置，使其各行其道，尤为重要。道路绿地是城市绿地系统不可分割的一部分，同时也限定了道路与建筑之间的空间。通过利用植物的特性，采用合理的植物配置，可以起到柔化沿路两侧建筑物硬线条的作用，组成道路、植物、建筑相协调的道路景观。

　　道路绿地的种植设计必须全盘考虑各种因素，统一规划、统一设计，使其与市政公用设施、建筑协调一致，才能创造真正优美和谐的道路景观。

4.2　道路绿化设计手法

　　道路绿化景观设计具有多种形式，不同形式需要不同的表现手法，常见的表现手法是通过乔、灌木的不同配置来实现。

4.2.1　道路绿化设计形式

1. 规则式手法

　　规则式也可称整形式、几何式，指的是道路绿化植物有规律地呈行列式、对称式布置，或以某种规则图案重复出现配置。树木成行成排种植或具规整形状，花卉以图案形式配置，草坪平整，常以行道树、绿篱、模纹花坛和整形草坪等方式体现。

　　规则式种植在景观组织上强调秩序感。为了营造整洁和大气的景观效果，城市的主干道或迎宾大道常常在人行道绿带、中间分车绿带或花坛景观等处使用规则式设计手法：行道树等距列植，下层植灌木、绿篱或地被植物；中间分车绿带列植乔木或交替列植乔木和灌木球，下层为重复整齐的模纹花坛或地被植物（见图 4-2）。整体绿化效果整洁清新、色彩明快，节奏感强烈。

图 4-2　规则式道路绿化设计

2. 自然式手法

自然式也称风景式、不规则式，道路绿化平面布局无明显轴线，种植形式较为自由活泼，树木种植不成行列式，不用规则修剪的绿篱，花卉布置以花丛、花群为主，少用花坛。树木不做整形修剪，以自然生长为主，展现植物的自然美。

在较为宽阔的道路绿地区域通常采用自然式的设计手法，以反映自然界的植物群落之美，更大程度地发挥植物的生态效益。如在较宽的路侧绿地，采用草坪—花灌木—小乔木—背景树的配置方式，由人行道自然地过渡到道路边界，体现了丰富的植物层次感，景观效果良好（见图4-3）。

图 4-3　路侧绿带自然群落搭配

3. 混合式手法

混合式手法是规则式与自然式的结合，兼具了两者的优点，既有自然美，又有人工美，是道路绿化运用较多的一种种植手法。

4.2.2　道路绿化乔、灌木配置方式

乔、灌木是城市道路绿化的主体材料，种类多样，既可以单独栽植，又可以相互搭配或与其他材料组合，形成丰富多变的道路绿地景观。道路绿化植物常见的配置方式有以下几种：

1. 孤植

孤植是指乔木的单株栽植类型，又称孤植树。有时为了快速取得预期效果，也可将2～3株同种树木紧密地种植在一起，形成单株效果。孤植树着重反映了树木的个体美，多作为局部地段的主景，同时也可作为园林构图的一部分，与周围环境互为配景。孤植树可以布置在广场中心，在创造观赏景点的同时提供遮阴，也可设在道路尽端、交叉口或转弯处，起到聚焦和诱导视线的作用。

由于独木成景，故孤植树一般选用体形高大、姿态优美、开花繁茂、季相变化丰富、无不良衍生物的乔木，如木棉、凤凰木、樟树、广玉兰、枫香等。

2. 对植

对植是指两株或两丛树在道路两旁作相互对称或均衡种植的一种布置方式，有对称种植与非对称种植之分[1]：对称种植多用于规则式的道路绿化布局，采用同一规格的相同树种成轴对称布置，一般应用于广场入口、有纪念意义的景点两边、道路两旁，起引导与夹景作用，如道路两侧的行道树可以看作是对植的延续和发展；非对称种植多用于自然式的构图中，可选用树形、大小不一致的同一树种，也可选用形态相似的不同树种，在数量上也可变化，如道路左侧一株大树与右侧两株为一组的稍小树木对植布置。当植株体量各异或种植距离不对称时，要讲求均衡，在动势上取得协调，如规格大的树木向中轴线靠拢，小树则远离。如此可避免呆板的对称，形成自由活泼的道路绿化景观。

对植在园林艺术构图中一般只作配景，用于烘托轴线上的景观。对树种的选择要求不高，只要树冠整齐、树形美观即可，但其在形态、体量、色彩等方面应与主景和周围环境相协调。

3. 列植

列植是指乔木或灌木沿直线或曲线按照一定的株行距或有规律地变换株行距成行成排栽植的种植形式。[2] 这是道路中应用最广泛的一种植物配置方式，常见于行道树绿带、分车绿带、路侧绿带和停车场等处。

列植根据所用树种是否相同可以分为单纯列植和混合列植：单纯列植是同一树种的规律性种植，具有强烈的方向性与统一感（见图4-4）；混合列植是运用至少两种树种进行有规律的种植，可表现出高低层次感和韵律感，其形式变化较为丰富。

行道树的列植根据道路的宽度和绿化形式可单行、双行，亦可多行。在树种选择上宜选用树冠整齐、形体一致的树种，可选用市树或有代表性的树种、新优树种，如海南的椰树、广州的木棉、广东新会的蒲葵等。

---

① 陈相强. 城市道路绿化景观设计与施工［M］. 北京：中国林业出版社，2005.

② 董毓俊. 园林绿化植物的常用种植方法［J］. 安徽林业，2010（3）：63.

图 4-4　列植的树木

4. 环植

环植指同一视野范围内明显可见、树木环绕一周的列植形式，一般处于陪衬地位，常应用于树坛、花坛及水池四周，装饰性较强。[①] 环植多选用形体规整的耐修剪小乔木或灌木，可以是单一树种，亦可以是两种以上的树种间植。

5. 带植

带植指大量植物以带状形式栽植，其长短轴比大于 4：1。区别于列植，带植为自然式栽植，无需成行成排或等距种植（见图 4-5）。但整体林木布置应做到疏密有致、高低错落，在连续风景构图时，混交林带还应有主调、基调及配调之分。带植多用于道路两旁，作背景、隔离和防护用途。

---

① 庞杏丽. 住宅环境景观设计教程 [M]. 重庆：西南师范大学出版社，2016.

图 4-5 路侧绿带上带植的植物

6. 丛植

丛植通常指几株到十几株同种或异种的乔木或乔、灌木按照一定的要求组合栽植而成的种植类型。[1] 树丛可与山石、花卉结合布置，多设在宽阔的道路绿地上，作为局部主景（见图 4-6），或配景、隔景、障景、背景等。如在道路转弯处布置树丛，可以起到遮挡视线或引导视线的作用。

图 4-6 丛植的树木作局部主景

---

① 罗爱英. 园林绿化树木配置方法及原则研究［J］. 北京农业，2014（2）：58.

树丛以反映群体美为主，而这又是通过植株与植株之间的有机组合搭配形成的，所以树丛设计既要掌握整体与个体之间的关系，遵循统一变化原则，又要处理个体的生物学特性及个体之间的相互影响，保证植物的健康成长。既要合理控制植物的疏密程度使之成为一个有机的整体，又要合理搭配树种，稳定其生态结构。

组成树丛的单株树木应该能体现其个体美，所以在遮阴、树姿、色彩、季相等方面具有观赏价值的树种。树丛可分为单纯树丛和混交树丛两大类，在应用上，以遮阴为主要功能的树丛多为单纯树丛，少用或不用灌木配植，以冠大阴浓的大乔木为主，如朴树、香樟等；而主要用于观赏的树丛则多选择乔、灌木混交树丛形式，并注意树种之间的季相搭配。

7. 群植

群植是以一两种乔木为主体，搭配其他乔木与灌木，混合组成二三十株以上的较大面积的树木群体。[①]群植主要体现群体美，对植物个体的要求不高，但树种的色调和层次要丰富，树冠线要清晰多变，常用于较宽的路侧绿地、路网交叉处或郊区道路旁。

8. 林植

林植指乔木或灌木成块、成片状的大面积栽植（见图 4-7），多用于高速公路的防护林带。根据其郁闭度可分为密林（0.7～1.0）和疏林（0.4～0.6）：密林一般不允许游人进入，可采用异龄树，林下配置耐阴灌木或地被；疏林以大乔木为主，常与草地结合形成疏林草地，要求主体乔木树冠开展、树阴疏朗，且具有较高的观赏价值。在采用林植配置方式时，除要注意群体的生态关系外，还应特别注意其林冠线及季相的变化。

图 4-7　林植

① 张荣妹，廖贤军，秦燕芳，等. 浅谈园林植物配置方式的合理选择［J］. 南方园艺，2011（4）：44-46.

9. 篱植

篱植是指以耐修剪的小乔木或灌木密植成篱的种植形式。这也是道路绿化应用较多的植物配置方式，一般用于道路分车绿带、花坛和停车场等处，多作为绿地边界。

绿篱的分类方式多样，按照修剪方式可分为规则式绿篱和自然式绿篱；按照其高度可以分为绿墙（1.6 m以上）（见图4-8）、高绿篱（1.2～1.6 m）、中绿篱（0.5～1.2 m）、矮绿篱（0.5 m以下）；按照其观赏特性及功能要求可分为常绿篱（如侧柏、圆柏、海桐、小叶女贞）、花篱（如栀子花、杜鹃）、彩叶篱（如金叶榕、红桑）、果篱（如枸骨、南天竹、假连翘）、刺篱（如枸骨、蔷薇）等。

图4-8　灌木修剪成的绿墙

篱植的植物应选用耐修剪、分枝密集、萌芽力和抗逆性较强的慢生树种。对于花篱、果篱，则要求叶小而密、花小而繁、果小而多。

4.3　华南地区城市道路绿化树种的选择

4.3.1　城市道路绿化树种选择原则

1. 因地制宜，适路适树

城市道路绿化植物生长的立地条件较严酷，为了取得良好的绿化效果，道路绿化设计需要考虑绿化植物的适宜性和景观后期管理养护的长效性。植物的选择应遵循因地制宜、适路适树原则，根据道路立地环境条件，选择适应本地自然环境的树种，尤其是乡土树种和市花、市树。如此，有利于植物的正常生长，能够长期保持较稳定的景观效果。如华南地区常用羊蹄甲、榕树等树种作为行道树就是因此缘故。

但要注意的是，并不是所有的乡土树种都适用。有些树种在城镇郊区生长得不错，移入市区则可能不适应；有些树种适应良好，但植于路旁可能带来不良影响。如芒果树是极佳的绿化树种，但芒果成熟时也引来不少路人攀枝采摘，摔伤者众多，导致广州市园林局表示今后不会再考虑在道路绿化中大规模种植芒果树。[①] 因此在选用树种时，应充分了解植物的特性及其适用性，选择适合于道路环境的树种。

同时，城市道路环境存在许多不利于植物生长的因素，如烟尘、污染物、土壤板结、多砂石、旱涝等有害因素，给植物的生长和后期的管理养护都带来许多问题。华南地区的道路绿地就常常面临春天修剪整理、夏天台风暴雨、一年四季清理落叶等高难度管理问题。[②] 对此，道路绿地设计所选树种还应具备生长强健、抗逆性强、管理粗放等特点。

2．乡土树种与外来树种相结合

乡土树种经过长期的自然演变早已适应当地的自然环境条件，具有种源多、易于成活、生长良好、繁殖快、抗病虫害等特点，且能反映地方特色，是道路绿化的首选。但仅用乡土树种，道路绿化景观未免会显得太过单调，因此应适当使用经过引种和长期驯化的外来树种，以实现植物的多样化，丰富道路绿化景观。如华南地区运用细叶榄仁、美丽异木棉、蓝花楹、黄花风铃木等外来树种作为行道树，并取得良好的景观效果。

3．生态效益与经济效益相结合

道路绿化应发挥其生态作用，所以植物在遮阴、调节小气候、净化空气、减噪、防风抗灾等方面的生态功能是树种选择的重要依据。但树木本身也存在巨大的经济利用价值，如深山含笑不但外观美丽、香气宜人，而且其树干材质纹理直、结构细，易加工，是家具、板料、绘图板等用材的上佳选择，具有木材使用的经济价值。在选择道路植物时如能将生态效益与经济效益结合，使树木能够在发挥生态效益的同时提供优质用材、油料、果实、香料等副产品，可以起到一举多得的效果。

4．选择具有观赏价值的植物

现代社会人们在紧张的生活压力下对优美的自然环境更加向往，追求的是宜居的城市环境，讲究的是人与自然、人与环境的和谐相处，对城市道路绿化建设的艺术观

---

① 黎咏芝. 迁居广州九年才刚刚开花，这些植物界外来"网红"原来这么美［N］. 南方日报，2017-04-29.

② 黄凤英. 浅谈华南地区城市道路绿化植物的合理选择及配置［J］. 花卉，2018（14）：89-90.

赏性也提出了更高要求。道路绿化设计应强调视觉景观的美感和丰富，选择观赏价值较高的树种，如细叶榄仁、南洋杉、榕树、假槟榔、椰子、苏铁、棕竹等观姿树种；水杉、落羽杉、枫香、乌桕、重阳木、紫荆、金叶榕、金叶假连翘、阴香、柠檬桉、金脉爵床等观叶树种；南洋楹、白玉兰、凤凰木、红花檵木、木棉、杜鹃、大花紫薇、含笑、黄槐等观花树种；小檗、南天竹、构树、假苹婆、铁冬青等观果树种。通过将常绿树种与落叶树种相结合，增加彩叶树种与开花树种，合理搭配不同的植物群落等手段，利用植物的体量、质感、姿态、色彩和季相变化等特点营造四季有景、景有不同的道路绿化景观。

4.3.2 各类绿化植物的选择

1. 乔木的选择

乔木在道路绿化中多被用作行道树，具有提供遮阴、美化环境等功能。在选择树种时应按照以下标准：

①植株整齐，具有较高的观赏价值，或叶形、花形、果实奇特，或花色鲜艳，或花期长，并且花、果、叶、枝无不良气味，落果对行人、车行交通无不良影响。

②生长健壮，病虫害少，易管理。

③树冠整齐，深根性，分枝点较高，主枝伸张的角度与地面不小于30°，叶片浓密，遮阴效果好。如阴香、木棉、盆架子、细叶榕等。

④发芽早、落叶晚且落叶期集中，适应当地环境。

⑤易繁殖，适宜大树移植，移植后易于成活和恢复生长。如高山榕、大叶榕等。

⑥具有一定的耐污染和抗烟尘的能力。

⑦寿命长，且生长速度不太缓慢。如尖叶杜英、细叶榕、大叶榕、细叶榄仁等。

2. 灌木的选择

灌木常应用于人行道绿带和分车绿带，有减噪和遮挡防护作用，选择时应从以下几点着手：

①树形完美，枝叶丰满，植株无刺或少刺，无蘖枝妨碍交通。

②花多而显露，且花期长。

③耐修剪、再生力强，在一定年限内人工修剪可控制其树形及高度。

④易繁殖、易管理，耐灰尘与路面辐射。华南地区应用较多的有黄金榕、簕杜鹃、美丽针葵、细叶榕、大红花等。

3. 地被植物的选择

地被植物应选用生长强健、茎叶茂密、病虫害少且便于管理的木本或草本的观花、观叶植物。其中，草坪品种应根据气候、土壤、湿度、温度等自然环境条件来选择，需达到萌蘖力强、耐修剪、覆盖率高、绿色期长的要求。目前南方大部分地区主要使用的地被植物是马尼拉草、台湾草等。假花生是近年来兴起的地被植物，栽植后遍地开满金黄色小花，花期长，且无需修剪，远眺一片金黄色，景观效果良好。

4. 草本花卉的选择

露地花卉一般以宿根花卉为主，与乔、灌木组合搭配；一、二年生草本花卉不宜多用，只点缀于关键区域。

4.3.3　华南地区道路绿化常用植物推荐

华南地区道路绿化常用植物见表 4-4～表 4-7。

表 4-4　华南地区道路绿化常用乔木推荐

序号	植物名称	学名	科名	形态特征及观赏特性	类型
1	羊蹄甲	*Bauhinia purpurea* L.	苏木科	叶广卵形近圆形，花玫瑰红色，有时白色。荚果带状，扁平。树冠美观、叶形奇特，花大而艳丽，花期长	常绿树种
2	红花羊蹄甲	*Bauhinia blakeana* Dunn	苏木科	叶圆形或阔心形，红色或红紫色。叶形奇特，花大色艳，花期长	
3	铁刀木	*Cassia siamea* Lam.	苏木科	观花、观叶植物。树形美观，枝叶茂盛，花瓣黄色，花期长	
4	仪花	*Lysidice rhodostegia* Hance	苏木科	观花植物。树冠开展，花朵美丽。花冠紫红色，有长爪，苞片白色或带紫堇色	
5	石栗	*Aleurites moluccana*（L.）Willd	大戟科	树冠圆锥状塔形，浓阴，长青	
6	秋枫	*Bischofia javanica* Bl.	大戟科	枝叶繁茂，树冠圆盖形	
7	糖胶树	*Alstonia scholaris*（L.）R. Br.	夹竹桃科	树形美观，枝叶常绿，生长有层次如塔状，果实细长如面条	
8	树菠萝	*Artocarpus heterophyllus* Lam	桑科	观果植物。果状椭圆形至球形，成熟时黄色	
9	小叶榕	*Ficus microcarpa* L. f.	桑科	树冠庞大，枝叶茂密	
10	垂叶榕	*Ficus benjamina* L.	桑科	树形下垂、姿态优美	
11	印度橡胶榕	*Ficus elastica* Roxb. ex Hornem.	桑科	叶片宽大美观且有光泽	

（续上表）

序号	植物名称	学名	科名	形态特征及观赏特性	类型
12	高山榕	*Ficus altissima* Bl.	桑科	树冠广阔，树姿稳健壮观	
13	白千层	*Melaleuca quinquenervia* （Cav.）S. T. Blake	桃金娘科	树冠椭圆状圆锥形，树姿优美，树皮白色，可层层剥落	
14	柠檬桉	*Eucalyptus citriodora* Hook.f.	桃金娘科	树干挺直，树皮洁白，枝叶芳香	
15	窿缘桉	*Eucalyptus exserta* F. Muell.	桃金娘科	树形高大，有香味	
16	侧柏	*Platycladus orientalis* （L.）Franco	柏科	树冠广圆形，枝干苍劲	
17	南洋杉	*Araucaria heterophylla* （Salisb.）Franco	南洋杉科	树冠塔形，树形高大，姿态苍劲挺拔	
18	大花紫薇	*Lagerstroemia speciosa* （L.）Pers.	千屈菜科	观花植物。花期长，花大而美，花紫或紫红色	
19	假槟榔	*Archontophoenix alexandrae*（F. Muell.）H. Wendl. et Drude	棕榈科	植株高大，树干通直，叶片披垂碧绿	常绿树种
20	椰子	*Cocos nucifera* L.	棕榈科	树姿雄伟，冠大叶多，苍翠挺拔	
21	大王椰子	*Roystonea regia*（Kunth.）O.F. Cook	棕榈科	树姿高大雄伟，树干通直	
22	蒲葵	*Livistona chinensis*（Jacq.）R. Br.	棕榈科	树冠伞形，叶片伞形，树形婆娑	
23	木麻黄	*Casuarina equisetifolia* L.	木麻黄科	观姿植物。树冠塔形，姿态优雅，枝似松针	
24	尖叶杜英	*Elaeocarpus apiculatus* Mast.	杜英科	塔形树冠，开花洁白如贝，芳香。盛夏后硕果累累	
25	台湾相思	*Acacia confusa* Merr.	含羞草科	树冠婆娑，叶形奇特，花黄色、繁多，盛花期一片金黄	
26	马占相思	*Acacia mangium* Willd.	含羞草科	树冠整齐、树干通直，叶形奇特	

（续上表）

序号	植物名称	学名	科名	形态特征及观赏特性	类型
27	大叶相思	*Acacia auriculiformis* A. Cunn. ex Benth.	含羞草科	树冠婆娑，开花时满树金黄	常绿树种
28	南洋楹	*Albizia falcataria*（L.）Fosberg.	含羞草科	观姿植物。树干高耸，树冠绿阴如盖	
29	银桦	*Grevillea robusta* A. Cunn. ex R. Br.	山龙眼科	树干通直，高大伟岸	
30	白兰	*Michelia alba* DC.	木兰科	香花树种。花白色或略带黄色，树形优美	
31	荷花玉兰	*Magnolia grandiflora* L.	木兰科	观花植物。树姿雄伟壮丽，叶大阴浓，花似荷花，白色，芳香	
32	黄槿	*Hibiscus tiliaceus* L.	锦葵科	观花植物。树冠圆伞形，花黄色，花多色艳，花期长	
33	非洲桃花心木	*Khaya senegalensis*（Desr.）A. Juss.	楝科	树形整齐	
34	扁桃	*Mangifera persiciformis* C.Y. Wu et T.L. Ming	漆树科	树冠塔形雄伟，四季常绿	
35	人面子	*Dracontomelon duperreanum* Pierre	漆树科	树形雄伟，塔形，枝叶茂盛，叶片层次清晰	
36	火焰木	*Spathodea campanulata* Beauv.	紫葳科	树姿优美，树冠广阔。花橙红色，花期长	
37	幌伞枫	*Heteropanax fragrans*（Roxb.）Seem.	五加科	树冠圆形，形如华盖	
38	宫粉羊蹄甲	*Bauhinia variegata* L.	苏木科	盛花时叶很少，花粉红色	落叶树种
39	腊肠树	*Cassia fistula* L.	苏木科	观花、观果植物。初夏开花时满树长串状金黄色花朵，果实似腊肠。形态奇特	
40	凤凰木	*Delonix regia*（Boj.）Raf.	苏木科	观花植物。夏季盛花期花红似火	
41	菩提树	*Ficus religiosa* L.	桑科	观叶植物。叶心形或卵圆形、树冠广阔，树姿及叶形优美别致	

（续上表）

序号	植物名称	学名	科名	形态特征及观赏特性	类型
42	构树	*Broussonetia papyrifera*（L.）L'H é r. ex Vent.	桑科	树冠张开，叶广卵形至长椭圆状卵形，抗逆性强	落叶树种
43	黄葛树	*Ficus virens* Ait. var. *sublanceolata*（Miq.）Corner	桑科	春色叶树，树形高大，树冠伸展，冬季落叶，早春萌发嫩叶	
44	蓝花楹	*Jacaranda mimosifolia* D. Don	紫葳科	树冠伞形，枝叶轻盈飘逸，树姿优美，盛花期满树蓝花	
45	猫尾木	*Dolichandrone caudafelina*（Hance）Benth. et Hook. f.	紫葳科	树冠浓郁，花大显著，蒴果形态奇特，酷似猫的尾巴	
46	黄花风铃木	*Tabebuia chrysantha*	紫葳科	春季枝条稀疏，清明节前后开黄花，夏季长叶结果荚，秋天枝叶繁茂，冬季叶落尽，季相变化丰富	
47	木棉	*Bombax ceiba* L.	木棉科	春季红花满树，夏季绿阴如盖，秋冬季落叶前变黄	
48	美丽异木棉	*Ceiba speciosa* St.Hih.	木棉科	树冠伞形，冬季盛花期，花冠淡粉红色，中心白色	
49	枫香	*Liquidambar formosana* Hance	金缕梅科	观叶植物。春夏叶色暗绿，秋冬叶色变为黄色、紫色或红色	
50	白花泡桐	*Paulownia fortunei*（Seem.）Hemsl.	玄参科	花先叶开放，花冠大，白色	
51	非洲楝	*Khaya senegalensis*（Desr.）A. Juss.	楝科	幼枝具暗褐色皮孔，树皮呈鳞片状开裂。夜晚叶片垂落闭合	
52	麻楝	*Chukrasia tabularis* A. Juss.	楝科	树形优美，花淡黄带紫色	
53	台湾栾树	*Koelreuteria elegans*	无患子科	秋色叶树，盛花时满树金黄	
54	复羽叶栾树	*Koelreuteria bipinnata*	无患子科	花黄色，秋日变红色	
55	小叶榄仁	*Terminalia mantalyi* H. Perrier	使君子科	观叶、观姿植物。树形优美，树冠塔形，秋季叶变红	

（续上表）

序号	植物名称	学名	科名	形态特征及观赏特性	类型
56	池杉	*Taxodium ascendens.* Brongn.	杉科	树冠狭圆锥形，秋色叶	落叶树种
57	落羽杉	*Taxodium distichum*（L.）Rich.	杉科	树形整齐，树姿优美，入秋叶变古铜色	
58	鹅掌楸	*Liriodendron chinense*（Hemsl.）Sarg.	木兰科	观叶植物。叶马褂状，叶形奇特，花黄绿色	
59	乌桕	*Sapium sebiferum*（L.）Roxb.	大戟科	观叶植物，色叶树种。春秋季叶色红艳夺目	
60	重阳木	*Bischofia polycarpa*（Lévl.）Airy Shaw	大戟科	观叶植物。春季发出大量新叶，青翠悦目	
61	榔榆	*Ulmus parvifolia* Jacq.	榆科	树形优美	
62	银杏	*Ginkgo biloba* L.	银杏科	秋叶黄色	
63	黄连木	*Pistacia chinensis* Bunge	漆树科	观叶植物。秋叶橙黄或红色	

表4-5　华南地区道路绿化常用灌木推荐

序号	植物名称	学名	科属	形态特征及观赏特性
1	狗牙花	*Tabernaemontana divaricata*（L.）R. Br. ex Roem.et Schult	夹竹桃科	枝叶茂密，株型紧凑，花净白素丽，花冠裂片边缘有皱纹，状似狗牙，花期长
2	黄蝉	*Allamanda schottii* Pohl	夹竹桃科	观花灌木，花柠檬黄色
3	软枝黄蝉	*Allamanda cathartica* L.	夹竹桃科	藤状灌木，可作地被，用于疏林草地中观赏。花冠黄色，花大色艳，盛花期多而密
4	夹竹桃	*Nerium oleander* L.	夹竹桃科	观花灌木。花冠紫红色、粉红色、白色、橙黄色或黄色，单瓣或重瓣，花期长。
5	鸡蛋花	*Plumeria rubra* L. cv. Acutifolia	夹竹桃科	落叶灌木或小乔木。花冠白色，中心黄色
6	金脉爵床	*Sanchezia nobilis* Hook. f.	爵床科	枝叶繁茂，叶面具色彩对比明显的斑纹

（续上表）

序号	植物名称	学名	科属	形态特征及观赏特性
7	龙牙花	*Erythrina corallodendron* L.	蝶形花科	灌木或落叶小乔木。红叶扶疏，初夏开花，深红色的总状花序好似一串红色月牙
8	鸡冠刺桐	*Erythrina crista-galli* L.	蝶形花科	观花植物。落叶灌木或小乔木，花大繁密，红色鲜艳，花形奇特
9	假连翘	*Duranta erecta* L.	马鞭草科	观花、观叶、观果并举，枝条柔软下垂，花蓝色或淡蓝紫色。核果球形，熟时红黄色，有光泽
10	马缨丹	*Lantana camara* L.	马鞭草科	花冠黄色、橙黄色、粉红色至深红色，花期全年
11	蔓马缨丹	*Lantana montevidensis*（Spreng）Briq.	马鞭草科	花淡紫红色，花期全年
12	红果仔	*Eugenia uniflora* L.	桃金娘科	观叶、观果植物。嫩叶红色，果实灯笼状，颜色从淡绿渐变至酱紫色
13	红背桂	*Excoecaria cochinchinensis* Lour.	大戟科	观叶植物。叶表面亮绿色，背面紫红色
14	变叶木	*Codiaeum variegatum*（L.）A. Juss.	大戟科	观叶植物。叶色、叶形及花纹多变
15	红桑	*Acalypha wilkesiana* Muell. Arg.	大戟科	观叶植物。叶片密集，叶色古铜
16	软叶刺葵	*Phoenix roebelenii* O'Brien	棕榈科	姿态纤细优雅，叶羽片状，小叶披针形，较柔软
17	散尾葵	*Chrysalidocarpus lutescens* H. Wendl.	棕榈科	枝叶茂密，四季常青，株形优美
18	棕竹	*Rhapis excelsa*（Thunb.）Henry ex Rehd.	棕榈科	丛生观叶灌木。株丛挺拔，叶形清秀、叶色浓绿，带有热带风韵
19	朱槿	*Hibiscus rosa-sinensis* L.	锦葵科	花冠鲜红色，花大形美
20	悬铃花	*Malvaviscus arboreus* Cav. var. *penduliflorus*（DC.）Schery	锦葵科	花期长，着花多，花冠红色，花瓣不张开，形似倒挂的红铃
21	九里香	*Murraya exotica*（L.）Jack.	芸香科	芳香花木，树冠优美，四季常青，花香宜人

（续上表）

序号	植物名称	学名	科属	形态特征及观赏特性
22	红花檵木	*Loropetalum chinense* var. *rubrum* Yieh	金缕梅科	观花、观叶植物。叶嫩枝淡红色，越冬老叶暗红色，花瓣淡红紫色
23	苏铁	*Cycas revoluta* Thunb.	苏铁科	树形优美，四季常青
24	鹅掌藤	*Schefflera arboricola*（Hayata）Merr.	五加科	观叶灌木，掌状复叶
25	南天竹	*Nandina domestica* Thunb.	小檗科	观叶、观果植物。枝叶扶疏，秋冬叶色变红，累累红果，经久不落
26	栀子花	*Gardenia jasminoides* Ellis	茜草科	香花植物。花白色，芳香
27	希茉莉	*Hamelia patens* Jacq.	茜草科	花冠橙黄色，花多色艳，花期长
28	龙船花	*Ixora chinensis* Lam.	茜草科	花冠红色或橙色，花期全年，盛花期花团锦簇
29	海桐	*Pittosporum tobira*（Thunb.）Ait.	海桐花科	花香袭人，秋季蒴果开裂露出鲜红种子
30	小叶女贞	*Ligustrum sinense* Lour.	木犀科	半常绿灌木或小乔木。观叶、季节性观花，耐修剪
31	尖叶木樨榄	*Olea ferruginea* Royle	木犀科	观叶植物。枝繁叶茂，终年常绿
32	翅荚决明	*Cassia alata* L.	苏木科	观花植物。花色金黄灿烂，花期长
33	双荚决明	*Cassia bicapsularis* L.	苏木科	半落叶灌木。小叶翠绿，常具金边，花色金色，盛花时灿烂夺目
34	黄槐	*Cassia surattensis* Burm. f.	苏木科	观花植物。落叶小乔木或灌木，枝叶茂密，树姿优美，花期长，花色金黄灿烂
35	四季米仔兰	*Aglaia duperreana* Pierre	楝科	树姿优美，叶形秀丽，花金黄，芬芳似兰
36	紫薇	*Lagerstroemia indica* L.	千屈菜科	观姿、观花植物。落叶灌木或小乔木，树姿优美，花色艳丽，花红色或粉红色
37	紫叶李	*Prunus cerasifera* Ehrhar f.	蔷薇科	落叶灌木或小乔木。叶常年紫红色，著名观叶树种
38	龟背竹	*Monstera deliciosa* Liebm.	天南星科	株形优美，叶片形状奇特，叶色浓绿

表 4-6　华南地区道路绿化常用花卉及地被推荐

序号	植物名称	学名	科属	形态特征及观赏特性
1	一串红	*Salvia splendens* Ker-Gawl.	唇形科	花红艳而热烈，花开时，总体像一串串炮仗，花期长
2	大叶红草	*Alternanthera dentata*（Moench） Scheygr. 'Ruliginosa'	苋科	彩叶植物。模纹花坛，叶色紫红至紫黑色
3	三色苋	*Amaranthus tricolor*	苋科	叶绿色、红色，或绿色杂以红色、黑褐色或具有各种彩色斑纹
4	鸡冠花	*Celosia cristata* L.	苋科	观花植物。花形似鸡冠，花期长，花色丰富，有紫色、橙黄、白色、红黄相杂
5	凤尾鸡冠花	*Celosia cristata* var. plumosa	苋科	花穗丰满，形似火炬，花色多样
6	大叶红草	*Alternanthera dentata*（Moench） Scheygr. 'Ruliginosa'	苋科	彩叶植物。叶色紫红
7	千日红	*Gomphrena globosa* L.	苋科	观花植物。花繁色浓，花紫红色，花干后不凋
8	虞美人	*Papaver rhoeas* L.	罂粟科	花瓣紫红色，花色艳丽
9	凤仙花	*Impatiens balsamina* L.	凤仙花科	观花植物。花大而美丽，花色丰富，有粉红色、水红、白、紫等
10	荷包花	*Calceolaria crenatiflora* Cav.	玄参科	花色变化丰富，单色品种有黄、白、红等深浅不同的花色，复色则在各底色上着生橙、粉、褐红等斑点
11	长春花	*Catharanthus roseus*（L.） G. Don	夹竹桃科	花玫瑰红，花色鲜艳，花势繁茂，花期较长
12	吊竹梅	*Tradescantia zebrine hort.* ex Bosse	鸭跖草科	枝叶匍匐悬垂，叶色紫、绿、银相间
13	蚌兰	*Tradescantia spathacea* Sw.	鸭跖草科	观叶植物。叶面光亮翠绿，叶背深紫
14	红花酢浆草	*Oxalis corymbosa* DC.	酢浆草科	花瓣倒心形，淡紫色至紫红色，小花繁多

（续上表）

序号	植物名称	学名	科属	形态特征及观赏特性
15	天门冬	*Asparagus cochinchinensis*（Lour.）Merr	百合科	观叶植物。叶线形，扁平，秋冬结红果，秀丽飘逸
16	玉簪	*Hosta plantaginea*（Lam.）Aschers.	百合科	观叶植物。花白，有芳香，花苞状似头簪
17	蜘蛛抱蛋	*Aspidistra elatior* Bl.	百合科	叶片浓绿光亮或叶色斑驳，质硬挺直
18	沿阶草	*Ophiopogon japonicas*（L. f.）Ker–Gawl.	百合科	叶色终年浓绿
19	阔叶沿阶草	*Ophiopogon jaburan*	百合科	叶线形，花淡紫也有白色
20	蜘蛛兰	*Hymenocallis Americana* M. Roem.	石蒜科	宿根花卉，花、叶均美，盛花时一片雪白
21	朱顶红	*Hippeastrum vittatum*（L'Her.）Herb.	石蒜科	花大色艳，常见栽培有大红、粉红、橙红各色品种
22	绿萝	*Epipremnum pinnatum*（L.）Engl.	天南星科	叶片金绿相间，枝条悬挂下垂
23	白蝴蝶	*Syngonium podophyllum* Schott 'White Butterfly'	天南星科	叶形别致，状似蝶翅
24	海芋	*Alocasia macrorrhiza*（L.）Schott	天南星科	大型观叶植物。叶形及色彩均美
25	美女樱	*Verbena hybrida* Voss	马鞭草科	花色丰富，有白、红、蓝、雪青、粉红等
26	紫背竹芋	*Stromanthe sanguinea* Sond.	竹芋科	观叶赏花植物。叶面浓密亮泽，叶背紫红色
27	花叶良姜	*Alpinia zerumbet*（Pers.）Burtt et Smith 'Variegata'	姜科	观叶植物。叶片宽大，色彩绚丽迷人，花姿雅致，花香诱人
28	姜花	*Hedychium coronarium* Koen.	姜科	球根花卉，白色花卉，带有清新的香味
29	美人蕉	*Canna indica* L.	美人蕉科	观叶、观花花卉。叶大，株形好，花大艳丽

（续上表）

序号	植物名称	学名	科属	形态特征及观赏特性
30	花叶冷水花	*Pilea cadierei* Gagnep. et Guill	荨麻科	小型观叶植物。叶色绿白分明，纹样美丽
31	蔓花生	*Arachis duranensis* A. Krapollickas et W. C. Gregory	蝶形花科	四季常青，观赏性强
32	大叶油草	*Axonopus compressus*（Sw.）Beauv.	禾本科	匍匐茎蔓延迅速
33	兰引三号	*Zoysia japonica*	禾本科	深根性植物。叶片有一定的柔韧性，极耐践踏，弹性好
34	夏威夷草	*Seashore paspalum*	禾本科	秆匍匐茎甚长，叶片深绿色，质地细腻
35	台湾草	*Zoysia tenuifolia* Willd. ex Trin.	禾本科	色泽嫩绿，生长密集，弹性好，低矮平整
36	马尼拉草	*Zoysia matrella*	禾本科	翠绿色，分蘖能力强，观赏价值高
37	肾蕨	*Nephrolepis auriculata*（L.）Trimen	肾蕨科	叶姿细致柔美，叶色绿意盎然
38	三裂叶蟛蜞菊	*Wedelia trilobata*（L.）Hitchc.	菊科	全年开花不断，夏季盛花期。叶色油绿，黄花点缀其上

表 4-7　华南地区道路绿化常用攀援植物推荐

序号	植物名称	学名	科属	形态特征及观赏特性
1	炮仗花	*Pyrostegia venusta*（Ker-Gawl.）Miers	紫葳科	花橙红色，累累成串，状如炮仗，花期长
2	凌霄	*Campsis grandiflora*（Thunb.）Schum.	紫葳科	落叶木质藤本，花橘红、红色
3	薜荔	*Ficus pumila* L.	桑科	叶两型，不结果，枝节上生不定根，叶卵状心形
4	金银花	*Lonicera japonica* Thunb.	忍冬科	冬叶微红，花先白后黄，常同时兼具两色花朵，清香
5	云南黄素馨	*Jasminum mesnyi*	木犀科	枝垂拱，花黄色

（续上表）

序号	植物名称	学名	科属	形态特征及观赏特性
6	紫藤	*Wisteria sinensis* （Sims）Sweet	蝶形花科	落叶藤本，春季一串串硕大花穗垂挂枝头，紫中带蓝，灿若云霞
7	多花紫藤	*Wisteria floribunda* （Willd.）DC.	蝶形花科	落叶藤本，总状花序，花冠紫色至蓝紫色
8	珊瑚藤	*Antigonon leptopus*	蓼科	半落叶藤本，花多数密生成串，呈总状
9	常春藤	*Hedera nepalensis* K. Koch. var. *sinensis* （Tobl.）Rehd	五加科	观叶植物，叶形变化大，通常为三角形、卵形等
10	爬山虎	*Parthenocissus tricuspidata*	葡萄科	落叶藤本，秋季叶色变红
11	大花老鸭嘴	*Thunbergia grandiflora*	爵床科	花喇叭状，初花蓝色，盛花浅蓝色，末花近白色
12	络石	*Trachelospermum jasminoides* （Lindl.）Lem.	夹竹桃科	花白色，芳香
13	龙吐珠	*Clerodendrum thomsonae* Balf.	马鞭草科	开花繁茂，花形奇特，花萼白色，鲜红花冠从萼中伸出
14	红萼龙吐珠	*Clerodendrum splendens*	马鞭草科	开花繁茂，花形奇特，花冠鲜红色，萼片灯笼状
15	簕杜鹃	*Bougainvillea glabra* Choisy	紫茉莉科	常绿攀援状灌木，花苞片大，色彩鲜艳，花期长
16	五爪金龙	*Ipomoea cairica* （L.）Sweet	旋花科	叶色翠绿，花色淡雅，花冠漏斗状，紫色

4.4　华南地区城市道路绿化设计及案例分析

4.4.1　行道树绿带设计

行道树绿带以种植行道树为主，主要功能是遮阴、美化道路环境等。其种植设计主要从道路环境、种植宽度、树种选择、株行距及定干高度等方面来考虑。

1. 行道树绿带的宽度

行道树绿带的宽度应根据道路的性质、类别和立地条件等方面的因素综合考虑来决定，但为了保证树木的正常生长，不得小于 1.5 m。当行道树绿带的宽度为 1.5～2.5 m 时，通常种植单行乔木或灌木；宽度在 2.5 m 以上时，可种植一行乔木和一行灌木；在 6 m 以上时可种植两行大乔木或合理搭配大、小乔木和灌木形成高低错落的复层种植；在 10 m 以上时可以种植高大乔木为主，搭配常绿乔木、绿篱和地被植物，形成连续不断的景观绿带。植物的配置形式随着宽度的增加而更加复杂、丰富，在绿地布置时应根据道路环境因地制宜地进行规划设计。

2. 行道树的种植方式

行道树的种植方式有两种，分别是树池式和树带式。

1）树池式

在交通量大、行人较多，无法实现行道树绿带连续种植的路段常采用树池式种植方式。行道树与行道树之间宜使用透气性的路面铺装，树池形状可方可圆，行道树宜栽于树池中心（见图 4-9）。

树池的平面尺寸和立面高度详见表 4-8、表 4-9。

表 4-8　树池平面尺寸

树池种类	尺寸要求
正方形树池	以 1.5 m×1.5 m 较为合适，最小不小于 1 m×1 m
长方形树池	1.5 m×2 m 为宜，短边不小于 1.5 m，长宽比不超过 1：2
圆形树池	直径不小于 1.5 m

表 4-9　树池立面高度分析

树池边缘高度	特点
高出人行道路面 8～10 cm	可避免行人踩踏、土块板结，在华南多雨地区使用可防止雨水流入池内，形成积水
与人行道路面持平	便于行走，但易踏实树池，造成土壤板结，对树木生长不良，可通过在树池内放入大鹅卵石等材料来解决问题
低于人行道路面	上盖池箅子，与路面同高，可以增加人行道的宽度和避免踩踏，同时还可以让雨水渗入池内

图 4-9　树池式种植

2）树带式

在人流及交通量不大的情况下，一般多用树带式种植方式，在人行道与车行道之间留有一条不小于 1.5 m 的连续性种植带，配以乔木、灌木和地被（见图 4-10）。栽植形式有自然式、规则式、混合式，具体种植方式视交通要求和道路具体情况而定，但在道路交叉口视距三角形范围内，行道树绿带应采用通透式配置。

图 4-10　树带式种植

树池式和树带式的应用。当人行道宽度为 2.5～3.5 m 时，以行人的步行要求为首要考虑条件，不宜设置连续的带状绿带，以树池式种植为主。当人行道宽度大于 3.5 m 时，可采用树带式种植方式以分隔道路空间，同时起到防护作用，但在适当位置和距离应留出一定的铺装通道，以便行人往来。

3. 行道树的株距

行道树的株距不宜小于 4 m，如果所选苗木规格较大，可以适当加大株距，一般常用株距为 6～10 m。株距的选择应充分考虑植物的生长特性，以树木成年后树冠郁闭效果好为准。初种树木规格较小，有时为了快速取得绿化效果，可将行道树株距缩小至 2.5～3 m，等树冠长大后再进行间伐。

行道树常用的株距见表 4–10。

表 4–10　行道树株距

树种类型	通常采用的株距 /m			
	准备间移		不准备间移	
	市区	郊区	市区	郊区
快长树（冠幅 15 m 以下）	3～4	2～3	4～6	4～8
中慢长树（冠幅 15～20 m）	3～5	3～5	5～10	4～10
慢长树	2.5～3.5	2～3	5～7	3～7
窄冠幅	—	—	3～5	3～4

来源：周初梅.《园林规划设计》（第 3 版）.

4. 行道树的定干高度

行道树的定干高度取决于道路性质、交通状况、树木分枝高度以及行道树与车行道的距离等因素。[1] 分叉角度较大，靠近车行道，尤其是大型公交停靠站附近的行道树，定干高度应在 3.5 m 以上。对于通行双层公交车的道路，其行道树定干高度还应进一步提高。距车行道远而分枝角度较小的行道树，定干高度可适当低些，但不能小于 2 m。

4.4.2　分车绿带设计

1. 分车绿带设计原则

（1）分车绿带的植物配置应符合人的瞬时观景视觉要求，在形式上力求简洁大方，整齐一致，形成良好的行车环境，有利于交通组织，便于驾驶员识别路况，减轻视觉疲劳。如果植物配置过于繁复杂乱的话，极易扰乱驾驶员的视线，分散其注意力，

---

① 赵建民. 园林规划设计 [M]. 3 版. 北京：中国农业出版社，2015.

不利于行车安全。

（2）被人行道或道路出入口断开的分车绿带的端部应采用通透式种植，使穿越道路的行人或驾驶员容易看到过往车辆，以保证行人、车辆安全。

（3）为便于车辆转向和行人过街，分车绿带应适当进行分段，一般以 75～100 m 为宜，最好结合人行横道、停车站、公共建筑出入口等进行设计。

（4）考虑到交通安全和树木的种植养护，人行道与慢车道分车绿带乔木树干中心距离机动车道路缘石外侧不宜小于 0.75 m。

（5）中间分车绿带在距相邻机动车道路面高度 0.6～1.5 m 之间应配置常年枝繁叶茂的植物，且其株距不得大于冠幅的 5 倍，以达到防止光线刺眼的目的。

（6）分车绿带一侧接近快车道，因而公共交通车辆的中途停靠站多设在分车绿带，分车绿带长度一般为 30 m 左右。在这个范围内一般只种乔木以供乘客夏季遮阴，不种灌木、花卉。当分车绿带宽度在 5 m 以上时，在不干扰乘客候车的前提下可植少量绿篱和灌木，并设矮护栏加以保护（见图 4-11）。

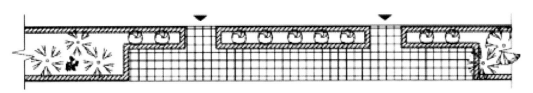

（a）汽车停车站（一）

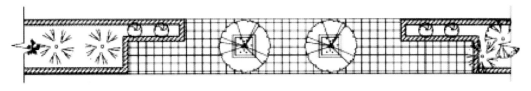

（b）汽车停车站（二）

图 4-11　汽车停靠站的分车绿带

来源：徐文辉.《城市园林绿地系统规划》（第 2 版）.

2. 分车绿带的种植形式

分车绿带的种植形式按照空间闭合程度可分为开敞式、半开敞式、封闭式三种（表 4-11、图 4-12～图 4-14）。无论采取何种种植形式，其目的都在于更好地处理绿化与交通及周围环境之间的关系，创造美观、舒适、统一而富于变化的道路景观。分车绿带的种植设计切忌过于复杂多变，否则会给人一种混乱零碎的感觉，容易分散驾驶员的注意力。因此，从交通安全和道路景观的角度来考虑，一般情况下分车绿带以不遮挡视线的开敞式种植较为合理。①

表 4-11　分车绿带种植形式

种植形式	特征
封闭式种植	营造以植物封闭道路的效果,在分车绿带上通过种植绿篱或密植乔、灌木的方式形成绿墙,以遮挡视线和防止行人穿越
开敞式种植	在分车绿带上种植草坪、花卉,稀植低矮灌木或乔木,以达到疏朗、开阔的景观效果
半开敞式种植	介于封闭式与开敞式之间,根据车行道的宽度、所处环境等因素,利用植物形成局部封闭的半开敞空间

图 4-12　封闭式分车绿带

---

① 黄东兵. 园林规划设计［M］. 北京:中国科学技术出版社,2003.

图 4-13　开敞式分车绿带

图 4-14　半开敞式分车绿带

3．分车绿带植物配置方式

我国对分车绿带的宽度并没有明确的规定，因道路的性质和总宽度而异。但植有乔木的分车绿带宽度不得小于 1.5 m，主干路分车绿带宽度不宜小于 2.5 m。一般来说，我国的分车绿带宽度多为 1.5～8 m，但也有宽达十几、二十几米的。当分车绿带的宽度小于 2.5 m 时，宜种植草坪和低矮的灌木；大于 2.5 m 时，宜种植一行乔木，配以灌木、草坪、花卉等；大于 6 m 时，可种植两行乔木，并搭配花灌木、地被植物、草坪等。现在我国许多城市在新区的道路建设中，设置的中央分车绿带有宽达几十米者，有的在上面只种植草坪和低矮花灌木或采用疏林草地式的简约式种植，也有的采用自然式的多层次混栽种植。

分车绿带的植物配置应在满足行车要求的前提下，根据其宽度和周围环境来决定，以下是几种常见的配置方式。

1）乔木 + 草坪式

以种植乔木为主，搭配草坪及花卉，空间开敞疏朗，视线通透。高大乔木列植于分车绿带上，既能遮阴，又能给人以雄伟壮观之感。

2）草坪 + 花卉式

当需要营造气氛，或在特殊地段，或受种植条件所限（土层浅，非常瘠薄）时，可采用草坪和花卉相结合的种植形式，经济有效（见图 4-15）。

图 4-15　草坪 + 花卉式植物配置

3）多层次造景式

一般在较宽的分车绿带上使用，以种植乔木为主，合理搭配灌木、花卉和草地等形成复层的植物结构，层次感丰富（见图4-16）。

图 4-16 多层次的植物配置

4）绿篱式

在分车绿带内密植常绿树，通过修剪整形的方式控制其形状和高度，形成整齐而富有艺术性的造型景观。在分车带绿化中运用最广泛的是矮绿篱，中绿篱仅在部分路段使用。

5）花坛式

由矮绿篱、花灌木、花卉及草坪等形成带状花坛，多用于有地下管线通过的分车绿带。花坛式植物配置应色彩明快、线条明晰、装饰性强，美化效果明显。其设计不应过于繁杂，可通过有规律的重复形成韵律感。

4.4.3 路侧绿带设计

1. 路侧绿带设计原则

路侧绿带的设计除了与用地本身条件相关，还受相邻用地的影响，在进行植物配置时应遵循以下原则：

（1）路侧绿带应根据相邻用地的性质、防护和景观要求来进行设计，且保持景观效果在路段内的连续与完整。

（2）对于宽度大于 8 m 的路侧绿带，一般可设计成开放式绿地，且绿化用地面积不得小于该段绿带总面积的 70%。若道路绿带与毗邻绿地一起设为街旁游园，应按照

《公园设计规范》（CJJ 48—92）的相关规定执行。

（3）临近水体的路侧绿带应根据水面、岸线和地形等条件设计成滨水绿带，且在道路与水面之间设置透景线。

（4）路侧绿带护坡绿化应结合工程措施栽植地被植物或攀援植物。

2．路侧绿带分类及设计要点

路侧绿带在道路绿地中的占比较大，是构成道路景观的重要部分。根据路侧绿带在建筑红线与道路红线之间的位置变化，可将其分为3种类型，具体类型及其种植设计要点如下：

1）道路红线与建筑线重合

这种情况下，路侧绿带与道路两旁的建筑物直接相连或间以栏杆、围墙，主要起过渡隔离和美化作用（见图4-17），在进行种植设计时应注意以下几点：

（1）应注重散水坡的设计，以利于排水。

（2）植物的设计应与周边建筑相协调。在进行设计前应先实地考察周边建筑物的风格、颜色和质地等，结合建筑外观特点来配置植物。如建筑立面颜色过深，可选用金叶假连翘、黄金榕等色彩较亮丽的树种，或布置花坛，形成鲜明的对比；如建筑立面颜色清淡素雅，植物选择较为广泛，树种色彩可深可艳丽。在建筑物的拐角处，还可以选用枝条柔软的植物来削弱建筑的线条感。

（3）绿化种植不可对建筑物的采光和通风造成影响。应合理安排乔木与建筑的距离，在建筑两窗之间可采用丛植的种植方式。路侧绿带宽度不足4 m时，不宜种植高大乔木，尤其是冠大阴浓的种类。若路侧绿带过窄，则以种植地被为主。

（4）对于绿化带较窄或地下管线较多的绿化困难地带，可通过以地面栽植、墙垣种植、墙壁垂吊等方式种植攀援植物来装饰墙面和栏杆等，以增加绿量。所选用的攀援植物应便于取材，攀附性强，花叶俱美，生长较快，如鹰爪花、凌霄、爬山虎、炮仗花等。

（a）

（b）

图 4-17　路侧绿带

图 4-17（a）以自然式种植手法形成层次丰富的路侧绿带；（b）以攀援植物装饰栏杆，配以地面盆栽

2）建筑退让红线后留出人行道，路侧绿带位于两条人行道之间

这种形式多用于人流量较大的商业街或其他文化服务场所，两条人行道中一条靠近建筑，一条靠近车行道，分别以进出建筑的人和过路行人为主要服务对象。路侧绿带处于两条人行道之间（见图 4-18），其种植方式应根据绿带的宽度和沿街建筑物的性质而定。对于一般街道或有较高遮阴要求的道路，通常采用种植两行乔木的方式提供行人庇阴空间；对于商业街等需要突出建筑立面或橱窗的道路，则可采用视野通透的景观栽植模式，适当降低植物的种植高度，以常绿树、花灌木、草本花卉、地被植物或花坛群和花境等来衬托建筑的立面。

图 4-18　位于两条人行道之间的路侧绿带

3）建筑退让红线后在道路红线外侧留出绿地，路侧绿带与道路红线外侧绿地结合

这时的路侧绿带宽度一般较大，其种植设计形式较为自由、丰富，设计时可结合行道树绿带和分车绿带的布置综合考虑道路绿化的整体效果（见图 4-19）。当宽度大于 8 m 时，可设计成开放式绿地，为附近居民及行人提供游憩空间（见图 4-20）。

图4-19　结合用地环境列植小琴丝竹作为背景，前方布置花境

图4-20　布置成开放式绿地的路侧绿带

4.4.4　交通岛绿地设计

交通岛绿地包括中心岛绿地、导向岛绿地和立体交叉绿岛等。

1. 交通岛种植设计原则

①交通岛周围的植物配置宜有增强导向作用，在行车视距范围内应采用通透式配置。

②中心岛绿地应保持各路口之间的行车视线通透，布置成装饰绿地。

③立体交叉绿岛应种植草坪等地被植物。草坪上可点缀树丛、孤植树或花灌木，

以形成开朗、通透的景观效果。桥下宜种植耐阴地被植物，墙面宜进行垂直绿化。

④导向岛绿地应配置地被植物。

2．交通岛绿地种植设计

1）中心岛绿地

中心岛绿地是位于交叉路口上可绿化的中心岛用地。中心岛俗称转盘，设在交叉口中央，形状多样（见图 4-21），起组织左转弯车辆交通和分隔对向车流作用。[①]

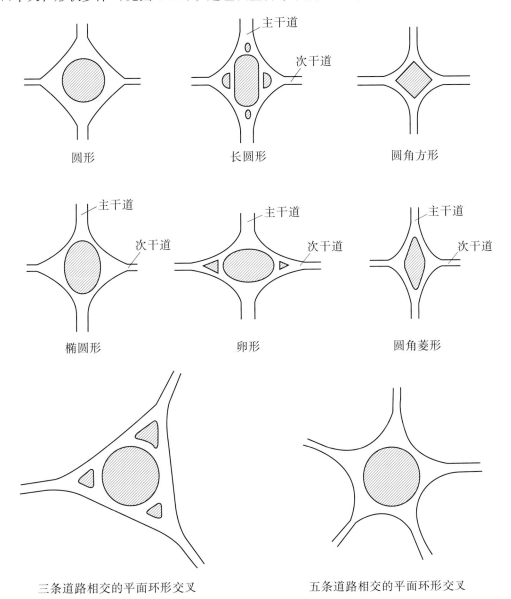

图 4-21　中心岛的形状

① 林木. 城市交通岛绿化设计 [J]. 湖南林业，2006（7）：8.

中心岛绿地是装饰性绿地，原则上不允许游人进入，其设计应注意以下几点：

（1）整体设计应简洁、疏朗。为保证各路口之间的行车视线通透，不宜密植乔木、常绿小乔木以及大灌木。植物配置以草坪和花卉为主，或用几种在质感和颜色上有所区别的低矮常绿树、花灌木及草坪组成模纹花坛。花坛设计应简洁明快、曲线优美，切忌过于花哨或繁复，以免分散驾驶员的注意力或吸引行人驻足参观而妨碍交通。有时为了满足景观需要，也可布置一些修剪整形的小灌木丛，并在中心点缀一株或一丛具有较高观赏价值的乔木以作强调。若交叉口周边建有高层建筑，还应考虑图案设计的整体俯视效果。

（2）主干路的中心岛因其位置适中，往往容易成为城市的主要景点，可结合雕塑、市标等设置立体花坛、花台，形成构图中心。但应对其体量和高度进行控制，使其不能遮挡视线。

（3）当中心岛的面积很大并设置成街旁游园时，应建造过街通道和道路相连，以确保游人和行车安全。

（4）在树种选择方面，由于中心岛的特殊位置，应优先考虑抗逆性强的树种，尤其是乡土树种，以适应交通绿岛的粗放管理。为了能长期保持景观效果，还应尽量选择生长速度缓慢的树种。同时在树形选择上，以容易形成视觉焦点的尖塔形、圆锥形等具有向上伸展性和聚合性的树形为佳。

2）导向岛绿地

位于交叉路口上可绿化的导向岛用地，由道路转角处的行道树、交通岛和一些装饰性绿地组成。导向岛的主要作用是指引行车方向，约束车道，使车辆减速转弯。为了保证行车安全，导向岛的绿化布置以不会干扰视线的地被植物或花坛为主。在植物的选择上，常在指向道路的端头，分别以锥形冠幅树种和圆形冠幅树种强调主次干道，并给以区分。

3）立体交叉岛绿地

互通式立体交叉干道与匝道围合的绿化用地，称为立体交叉岛绿地。立体交叉指两条道路在不同平面上的交叉，可分为上下道路没有匝道连通的分离式立体交叉和上下道路设有匝道连通的互通式立体交叉。前者无法形成专门的绿化地段，后者往往在匝道与主、次干道之间形成几块绿化用地，即立体交叉岛绿地。

立体交叉岛绿地包括绿岛和立交桥外围绿地，其绿化设计应注意以下几点：

（1）立体交叉口的绿化设计应服从该处的交通功能，确保驾驶员有足够的安全视距。比如，在出入口位置可有指示性标志的种植，便于驾驶员看清入口；在弯道外侧种植成行的乔木，以预告驾驶员匝道线形变化，引导行车视线；在顺行交叉处禁止种植会遮挡视线的树木，以保证驾驶员视线通透（见图4-22）。

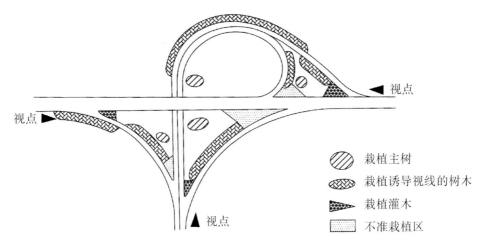

图 4-22　立体交叉处绿化布置示意图

（2）立体交叉口的绿化设计要符合整个道路的总体规划，并与周围环境协调一致。

（3）立体交叉口的绿地布置力求简洁明快，宜用大色块设计，营造恢宏气势，满足驾驶员及乘客的动态视觉要求。

（4）植物配置上应兼顾功能和景观要求，采用常绿树种与落叶树种相结合、速生树种与慢生树种相结合的形式，合理搭配季相不同的植物，营造层次丰富的绿地景观。

（5）树种选择应以乡土树种为主，尤以耐热、耐寒、耐旱、耐瘠薄的粗放型树种为佳。

（6）绿岛是立体交叉中面积较大的绿地，常铺设草坪，上面点缀观赏价值较高的花灌木、孤植树或树丛等营造疏朗通透的景观效果，或用宿根花卉、地被植物与低矮的常绿灌木等组成模纹花坛。如绿岛的面积够大，在不干扰交通的情况下也可设置成街心花园，以供人们短暂休憩之用。

4.4.5　广场绿地设计

1. 城市广场绿地设计原则

随着城市的发展，广场已成为城市居民不可或缺的户外活动场所，既丰富了市民的精神文化生活，又为改善城市环境发挥作用。城市广场的绿化应注意以下几点：

（1）广场绿地布局应与城市广场的总体布局相统一，结合广场性质、规模和功能来进行设计，使绿地成为广场的有机组成部分，能够更好地发挥其作用。

（2）城市广场是城市的重要组成部分，是城市人文环境的构成要素，在空间上与周围环境、建筑相联系，广场绿地设计应与周围的自然景观和人文景观相协调，并保持自身风格的统一。

（3）广场绿地的功能应与广场的各功能区相匹配，并有助于该区功能的实现。

（4）广场绿地规划应注意空间的多元化设计，结合广场周边建筑、地形等条件，利用不同的绿地组合设计构成各种不同的景观空间，建立优美、丰富的广场空间体系。

（5）广场绿地种植设计应考虑其生态效益的发挥，协调好风向、人流、交通等诸多因素，起到改善广场小气候，提高环境质量的作用。

（6）城市广场绿地设计应选择具有地方特色的树种，且对广场上原有的大树或古树名木进行保留并加以保护，这是对城市历史文化尊重的表现，有利于加强人们对广场的认同感、归属感，使之成为市民记忆的场所。

2. 城市广场绿地种植设计的基本形式

城市广场绿地种植设计的基本形式有以下几种：

1）排列式种植

这种形式属于规则式种植，整体感觉庄重而富有序列感，多用于广场周围或者长条形地带，以作隔离、遮挡或背景之用。植物配置可以是单纯乔木列植，也可以是乔木搭配灌木或草本花卉。但要注意植物的生长习性和整体景观效果的搭配，矮层木应选择耐阴品种，植株之间要有适当的距离，以保证植物能获得充足的阳光及营养，植物在色彩、体型上也应取得协调。

2）集团式种植

集团式种植是为了避免成排种植的单调感，把几种树组成一个树丛，以一定的规律排列在一定的地段上的种植形式。① 树丛可由不同乔木或（和）不同灌木组成，也可由灌木和草本花卉组合搭配而成。这种形式的景观效果丰富而浑厚，远看显壮观，近看显细腻。

3）自然式种植

这种形式不同于规则式，植物的种植不受株行距所限，而是自由错落分布，形成各个角度都有景可赏的植物景观。植物布置自由，不受地块大小和形状所限，可以有效地避开地下管线的位置。为了保障每一种植物的正常生长，要求自然式树丛结合环境布置。此外，此种形式也对管理工作提出了较高的要求。

4）图案式种植

这也是一种规则式的种植形式，具有极强的装饰效果，主要选择草本花卉或修剪整齐的低矮灌木构成各种图案，是城市广场绿地设计常用的种植形式之一。② 花坛或花坛群的位置及平面轮廓应与广场的平面布局相协调，所占面积一般不超过广场总面积的1/3，且不小于1/15。当然，一般而言，设计华丽的花坛面积比例较小，简洁的花坛面积比例较大。

① 王炜. 城市休闲广场中植物造景的研究［D］. 沈阳：沈阳农业大学，2006.
② 张书畅. 浅谈文化广场的绿地与环境的人性化设计研究［J］. 建筑工程技术与设计，2015（6）：1663.

3．广场类型及种植设计要点

城市广场根据其功能可分为市民广场、交通集散广场、纪念性广场、休闲娱乐广场和商业广场等。广场类型、使用功能不同，对绿地的种植设计要求也各不相同。

1）市民广场

一般位于城市中心区域，主要供群体活动。市民广场多呈几何形平面布局，其绿地设计为了与广场气氛相协调，多为规则式布置。市民广场一般面积较大，为保持广场的完整性和避免对大型活动的影响，广场中心多为硬质铺装，不宜布置大型绿地。在重大节日，如不举办集会，可适当设置主题花坛、活动花箱、花钵或花架等来营造热烈的节日气氛（见图 4-23）。在主席台、观礼台等重点地段可安排常绿树和景观树以提高观赏性；在入口处的植物配置则应色彩鲜明，对人流具有引导作用，但应避免视觉上的拥挤；在广场边缘或毗邻道路处，可以用乔木搭配灌木或花坛来做隔离，以降低周围道路交通和噪声的干扰；在广场的不同功能分区之间可以植物作为软隔断，既保证广场的完整性，又满足各功能区的相对独立性。

图 4-23　广场上的节日摆设

市民广场种植设计应简洁大气，植物配置宜疏朗通透，与周围建筑相协调，起到相互衬托的作用。其基本布局是周围以栽植乔木或绿篱为主，广场上种植草坪，设置花坛，起交通岛作用。

2）交通集散广场

交通集散广场包括站前广场和道路交通广场，作为城市交通枢纽，具有组织、管理交通以及美化街景的功能。交通集散广场绿地设计首先应考虑满足车辆集散的要求，合理分隔人流与车流，其种植应服从交通安全。其次，应创造简洁舒适、开朗明亮的绿化环境以供旅人短暂停留休息。休息绿地应尽量种植乔木以遮阴，且避开主要人流和车流。广场绿地设计还应体现所在城市的特色，机场、车站和码头等交通运输量较大的集散广场应选用地方特色鲜明的绿化树种，且集中成片的绿地不应小于广场总面积的 10%。

交通集散广场的种植不可妨碍交通，应保证视觉上的宽敞明快，一般种植高大乔木或低矮灌木、花卉、草坪等，有绿岛、周边式和地段式 3 种绿地设计形式：绿岛即在广场中心安全岛上进行绿化；周边式是在广场周围进行绿化；地段式是将广场上除了车行路线外的其他地段均作绿化。具体选择何种形式应根据广场的规模、性质、类型及车辆的多少来决定。

3）纪念性广场

纪念性广场是为纪念某些历史人物或某些重大历史事件而设的供人瞻仰用的广场，根据其内容可分为纪念广场、陵园广场和陵墓广场。此类广场的绿地设计应与纪念主题相呼应，所选植物应具有代表性，以绿化植物衬托主体纪念物，起到渲染氛围的作用。如陵园、陵墓类的广场多种植常绿草坪和松柏类的常绿乔灌木，以体现庄严、肃穆的气氛；纪念历史事件的广场应能体现事件特征（可通过主题雕塑），并结合休闲绿地及小游园设置，为人们提供可以休憩的场所。除此之外，其绿化设计还应合理安排交通，以满足最大人流集散要求。

4）休闲娱乐广场

休闲娱乐广场是集休闲、娱乐、亲子、康体于一体的户外活动场所，广受市民的欢迎与喜爱。广场周围宜植高大乔木，可结合街道绿化栽植行道树，集中成片的绿地面积不少于广场总面积的 1/4。广场的植物配置宜疏朗通透，且与各分区功能相协调，满足市民的多样化活动需求，如集中活动区以种植草坪为主，空间开阔宽广；青少年活动区可采用疏林草地式布置；休息区可栽植高大乔木，以遮阴等。另外，还可以利用花灌木、彩叶植物、花卉等观赏性植物，结合广场雕塑、喷泉等小品，创造丰富多彩的活动空间，增强广场的景观性。

5）商业广场

商业广场主要用于购物、集市贸易、餐饮、休闲娱乐和社会交往等活动，人流量较大，通常采用步行街的布置方式。商业广场的种植设计在不干扰交通组织的前提下，应具有软化建筑硬环境、实现建筑空间与城市空间的柔性过渡、提高场地绿量、降低噪声等作用。同时，还可以利用彩叶植物和花卉营造热闹的商业环境氛围，在休息处种植乔木为行人遮阴。

4.4.6 停车场绿地设计

1. 停车场绿地种植设计原则

停车场是指城市中集中露天停放车辆的场所。在停车场进行绿化不仅可以保护汽车免于暴晒，还具有调节停车场小气候、防尘、防噪声、净化空气等生态功能和美化市容的作用。停车场绿地种植设计应遵循以下原则：

（1）停车场绿化设计应根据停车场的总体规划，结合场地环境条件、停车形式等来确定绿地用地及其形式。

（2）停车场周围应栽植高大庇阴乔木，并宜设置隔离防护绿带；在停车场内宜结合停车间隔带栽植高大庇阴乔木。

（3）停车场种植的庇阴乔木应结合绿化形式选择干直、冠大、叶密的高大乔木，而且树木的枝下高应符合停车位净高度的要求：小汽车为 2.5 m，中型汽车为 3.5 m，载货汽车为 4.5 m。

（4）停车场的绿化应有助于实现汽车的安全行驶和人车分离，保障停车安全。植物布置不能影响夜间照明及各种指示牌或其他信息的阅读。

2. 停车场分类及种植设计要点

按照车辆性质可将停车场分为机动车停车场和非机动车停车场。

1）机动车停车场

机动车停车场是指各种类型的汽车停车场，目前我国机动车停车场绿地常见的种植形式有以下 3 种：

（1）周边式种植

周边式种植多用于车辆停放时间不长的中小型停车场。一般可结合行道树设计，在停车场周围种植大乔木（华南地区多为常绿乔木）、花灌木、地被，围以绿篱或栏杆（见图 4-24），起到隔离和遮护作用，实现停车场与道路的分离。此类种植形式的优点是界限清楚、管理方便，且有一定的防尘、减噪效果。但由于场地内缺乏树木，夏季暴晒时对车辆的损害较大。

图 4-24　结合行道树设置的停车场

（2）树林式种植

一般用于面积较大的停车场。停车场内列植乔木，遮阴效果较好，适合人与车辆的停留，有时也可兼作一般绿地，以供人们休憩之用。

停车场内绿地布置（见图4-25）可利用双排背对车位的尾距间隔种植冠大阴浓的乔木以供车辆遮阴，且树木枝下高满足车辆净高要求。[1] 树木的株距应依据停车要求而定，一般设为5～6 m。场内绿地设计可采用绿化带或树池的布置形式，绿化带一般为规则的条形绿带，树池可以是方形树池或圆形树池。不管是条形绿带的宽度，还是方形树池的边长或圆形树池的直径，均以1.5～2.0 m为宜。由于停车场存在缺水、汽车尾气污染、地面反射光强等不利于树木生长的因素，因而应选择抗逆性强的树种，并适当加高树池或绿带的高度，增设防护设施，以防止被汽车撞伤或汽油流入土壤，从而对树木的生长造成影响。

在停车场和干道之间，可结合行道树设置绿化带，种植乔灌木、绿篱等，以达到遮阴、隔离和防护的目的。

图4-25　树林式停车场

---

[1] 士心. 城市停车场绿地营造［J］. 湖南林业, 2006（7）: 9.

（3）建筑前广场兼停车场

适用于停车量较小的公共建筑前，将建筑前广场打造成融广场、绿化、停车三位于一体的公共空间。这种形式的绿化设计多结合基础绿地、前庭广场和部分行道树来进行，绿化布置灵活（见图 4-26）。这类绿化设计可与人行道绿化相融合，沿广场边缘配置高大乔木、花灌木、绿篱、草坪、地被植物等，在美化街景、衬托建筑的同时兼顾对车辆的遮阴保护，但这种做法也会导致汽车噪声污染和尾气污染等环境问题。有时也运用绿篱或栏杆将广场的一部分围起来将其辟为专用停车场，设置固定出入口，并有专人管理。此外，广场内边角空地的绿化也是不可忽略的，应将其充分利用起来，以增加绿量。

图 4-26　建筑前停车场

2）非机动车停车场

非机动车停车场主要指自行车停车场，其中也包括电动车、摩托车停车场，多结合道路、广场和公共建筑合理安排用地。一般为露天布置，亦可加盖雨棚。停车场出入口至少有两个，出入口宽度应能同时满足两辆车进出，一般为 2.5～3.5 m，场内应分组安排停车区，每组长度宜 15～20 m。停车场应充分利用树木来遮阴，庇阴乔木的枝下高应不得小于 2.2 m。有些城市将立交桥下的涵洞开辟为自行车停车场，既解决自行车防晒避雨问题，又在一定程度上缓解了人行道的拥挤，是广受市民欢迎的一种做法。

4.4.7 华南地区城市道路绿化设计案例分析

4.4.7.1 快速路——香山大道绿化设计

1. 项目背景

香山大道位于广州市增城经济技术开发区，全长 4 460 m，呈南北走向，是连接广园快速路和永宁大道的一条快速路。

2. 绿化设计

香山大道采用四板五带式的绿化形式，其中中间分车绿带宽 8 m，两侧分车绿带宽 3 m，路侧绿带则是 3～5 m。中间分车绿带采用组团式的植物配置形式，以香樟、红花羊蹄甲、美丽异木棉、黄槐、黄槿、红绒球、红花檵木、野牡丹、大花海棠、花叶良姜、红背桂、万寿菊等植物组成多层次的自然群落（见图 4-27）；两侧分车绿带采用行列式植物配置形式，以印度第伦桃、白兰、杜英、大叶榄仁等乔木搭配簕杜鹃、龙船花、澳洲鸭脚木、黄金叶、双荚决明、软枝黄蝉等灌木，构成层次分明的植物景观（见图 4-28）；路侧绿带主要采用组团式的植物配置形式，其中部分路段结合绿道进行建设，塑造行人游憩空间，主要种植乔木有黄槐、美丽异木棉、小叶紫薇、香樟、白千层、桉树、凤凰木等（见图 4-29）；道路交叉口为端头式，植物配置也是以组团式为主，选用植物主要有大腹木棉、造型簕杜鹃、黄榕球等（见表 4-12）。

香山大道作为增城经济技术开发区的门户道路和核心区道路，运用了多种植物配置形式，虽局部存在养护不良、植物配置粗放等问题，但总的来说，整体景观效果良好。

表 4-12 香山大道绿化配置分析

位置	配置形式	选用树种
中间分车绿带	组团式	黄金香柳、红绒球、红花羊蹄甲、黄槐、红背桂、澳洲鸭脚木、美丽异木棉、香樟、盆架子、夹竹桃、火焰木、鸡蛋花、红车、秋枫、红檵木球、野牡丹、花叶良姜、黄瑾、大花海棠、万寿菊
两侧分车绿带	行列式	印度第伦桃、白兰、杜英、簕杜鹃、龙船花、黄金叶、大叶榄仁、澳洲鸭脚木、双荚决明、硬枝黄蝉
行道树绿带	无	无
路侧绿带	组团式	黄槐、美丽异木棉、小叶紫薇、香樟、白千层、桉树、凤凰木
道路交叉口	组团式	大腹木棉、造型簕杜鹃、黄榕球

中间分车绿带 A

中间分车绿带 B

图 4-27　中间分车绿带设计

图 4-28　两侧分车绿带设计

图 4-29　路侧绿带设计

4.4.7.2　主干路

1. 白云大道绿化设计

1）项目背景

白云大道位于广州市白云区，是广州市为了城市建设和环境整治而扩建出来的市政路，由原有的景从路、大金钟路北段以及广从一路至广从三路之间道路组成。白云大道大致呈南北走向，分为南北两段：白云大道南南起广园中路，北达黄石东路，长 4 900 m，宽 60 m；白云大道北南起黄石东路，北至东平北路与广从一路相接，长 7 200 m，宽 60 m。本案例研究范围为白云山西门—金钟横路路口路段。

2）绿化设计

白云大道笔直宽阔，车流量大，道路绿化景观丰富，行驶于其中，如入画中之境。在道路绿化设计上，综合运用了乔木 + 灌木 + 地被和乔木 + 地被等植物配置方式，设计手法多样，绿化空间变化多端，具有城市森林大道的景观效果。

中间分车绿带和两侧分车绿带均选用凤凰木（见图 4-30）作为景观骨架树种，主景鲜明，整体绿化风格统一而大气。凤凰木"叶如飞凰之羽，花若丹凤之冠"，树形飘逸优美，每年 5 月花开时节，红花盛开，绿叶层叠，一路繁花盛景。即使不在花期，也能凭借其优美的姿态呈现良好的景观效果。其次选用叶大而厚重、枝条粗糙的琴叶榕作为第二层次的小乔木，不仅可以与凤凰木的细腻、柔美的风格形成互补，还能与矮层的灌木球组团共同构成乔木下的骨架基础（见图 4-31）。

图 4-30　以凤凰木为骨架树种

图 4-31　第二层次的小乔木琴叶榕

　　通常，对道路进行景观分段，隔段进行枝叶修剪，留出更通透的休闲行车空间，既能使道路景观效果更佳，又可以保证道路的安全性。白云大道景观设计的手法是在留空的草地上布置靓丽的时花，并点缀块状花境，极力打造多个色彩变幻的景观节点（见图 4-32）。

　　总的来说，白云大道景观空间变化丰富而有趣，兼顾了动态观赏和静态观赏的需要，给人以自然舒适、自由多变的空间感受。

乔木 + 时花布置 A

乔木 + 时花布置 B

图 4-32　适当进行绿化抽疏后，布置时花丰富道路景观

2．新港路绿化设计

1）项目背景

海珠区位于广州市中部，北部与荔湾区、越秀区、天河区隔珠江相邻，东部、西部、南部分别与黄埔区、荔湾区（含芳村）、番禺区相望，全区总面积 90.40 平方千米，是广州市往珠江三角洲各市、县、和深圳、珠海经济特区的必经之地。新港路作为海珠区重要的交通要道，地处广州城区南部，东西向伸延至海珠区东部，东起新洲，西接前进路。

2）绿化设计

新港路的绿化设计秉承"以人为本，生态优先"的理念，注重实际的使用体验，并积极融入现代元素。色彩靓丽的景观带，将园林景观与道路节点融为一体，达到良好的美化效果和生态效益的完美融合。

（1）总体绿化设计

新港路的绿化设计以简约风格为主，乔木多为规则式种植。简洁明快的乔木阵列与曲折变化的地被色带相衔接，形成变化多样而富有韵律的林冠线和林缘线，划分出多种空间形态，起到美化和协调周边环境的作用。中间分车绿带主要列植大腹木棉等开花乔木，搭配黄金香柳等叶色植物和造型乔灌、护栏挂花及块状花境，并运用各种观花、观叶、观型植物来营造形态万千、色彩丰富、层次感强的道路绿化景观（见图 4-33），使得整条道路呈现"四季有景，一路一花"的状态。

中间分车绿带 A

中间分车绿带 B

图 4-33 新港路绿化设计实景

（2）花境设计

新港路的绿化建设运用了大量的花境设计，在绿色草坪的基调上渲染出丰富的色块，不仅创造出高低起伏、变化多样的植物群落景观，表现自由、活泼气氛，还扩大了道路的园林空间，见图 4-34、图 4-35。中间分车绿带花境采用洒金榕、百日草、狼尾草、大花海棠、簕杜鹃等地被时花，配合简洁流畅的线条与列植的大腹木棉，形成高低错落有致、具有自然形态的绿带,使得整个绿化空间变化有序,为驾驶员和乘客提供优美、舒适、安全的外部环境,给人以"人在车中坐,车在画中行"之感。新港路花卉布置见表4-13。

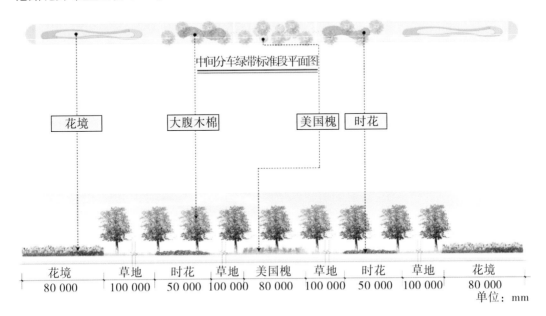

花境	草地	时花	草地	美国槐	草地	时花	草地	花境
80 000	100 000	50 000	100 000	80 000	100 000	50 000	100 000	80 000

单位:mm

植物花境配置标准段

设计说明:

本案例使用了孔雀草、新几内亚凤仙、粉色金鱼草、黄色三色堇四种植物打造花境。其中粉色金鱼草株高为50~70 cm,是观花植物,其余三种观花植物株高均为15~20 cm,通过把粉色金鱼草种植在花境的中心,可以打造有竖向层次的花境。

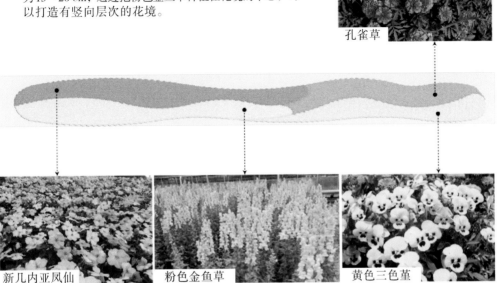

花境配置 A

设计说明：
　　本花境使用了黄色金鱼草、橙色孔雀草、粉色矮牵牛，以红色与黄色作为花境的主色调，配合简洁流畅的线条，适合中间分车绿带的使用。

橙色孔雀草　　　　粉色矮牵牛　　　　黄色金鱼草

花境配置 B

设计说明：
　　本案例花境特色以层次和大气为主，使用颜色分明的色块，植物选用蓝花鼠尾草、美国槐、一串红、黄色孔雀草和天竺葵 5 种高度搭配合适且颜色艳丽的时花，突出线条与色块。

蓝花鼠尾草　　　　一串红

天竺葵　　　　美国槐　　　　黄色孔雀草

花境配置 C

图 4-34　花境设计说明

表 4-13 新港路花卉布置

种植地点	花色	花卉品种
新港东路（黄埔涌—科韵路桥底）	紫	长春花
	粉红色系	石竹、一串红、天竺葵、切花紫罗兰、大花海棠、矮牵牛
	橙黄色系	凤仙、三色堇、孔雀草、沐春菊
新港中路（客村立交）	粉红色系	石竹、一串红、天竺葵、切花紫罗兰、大花海棠
	橙黄色系	凤仙、孔雀草、沐春菊
新港东路（科韵路桥底—环城桥底）	粉红色系	石竹、一串红、大花海棠、凤仙、天竺葵
	橙黄色系	孔雀草、沐春菊、三色堇

花境局部 A

花境局部 B

花境局部 C

图 4-35　花境设计效果

3．新滘路绿化设计

1）项目背景

新滘路位于广州市海珠区，呈东西走向，分为新滘东路、新滘中路和新滘西路三段。新滘路东起科韵路，西至工业大道南，全长 10.6 km，双向 8 车道，设计时速为 60 km/h，与工业大道、科韵路和广园路一同构成了广州城市快捷路。该案例研究范围主要包括新滘中路到新滘东路路段。

2）绿化设计

新滘路主要采用疏林草地式种植方式，选用大花飞燕草、毛地黄、冰岛虞美人、金鱼草等色彩艳丽的新优时花品种，营造丰富多彩的道路景观。

（1）分车绿带

分车绿带的设计根据道路实际情况进行适当的微地形处理，采用小乔木—灌木—花卉—草坪的种植方式，营造疏朗、整齐的道路景观。绿化带高层植物选用观赏价值较高的开花乔木或盆景灌木，矮层设置时花或地被，中间留出草坡的自然曲线，较少使用或不用灌木球，整体景观色彩艳丽、空间开阔（见图 4-36）。

（2）行道树绿带

行道树绿带宽度较窄，植物变化不宜过多，故选用乔木 - 草皮的疏林草地式种植方式，与分车绿带的绿化风格相协调。

（3）路侧绿带

在斜坡上栽植时花或其他花卉和树木组团，较少使用或不用灌木球以减少对视线的遮挡，营造疏朗通透、清新自然的绿化景观，增加道路空间的色彩感和层次感；在地形高处栽植高大乔木或在相邻建筑交界处列植小琴丝竹，形成绿色背景（见图 4-37）。

分车绿带局部 A

分车绿带局部 B

图 4-36　分车绿带色彩艳丽

路侧绿带 A：坡面上的花带设计

路侧绿带 B：列植小琴丝竹围蔽道路，形成前方小乔木和花带的背景

图 4-37　路侧绿带设计

4．创强路绿化设计

1）项目背景

创强路位于广州增城经济技术开发区核心区，呈东西走向，邻近广惠高速，连接沙宁路与新耀北路，穿过香山大道。

2）绿化设计

创强路总长 4 782 m，绿化形式为两板三带式，中间分车绿带宽 20 m，路侧绿带宽 10 m，绿带用地宽阔。其行道树绿带只存在于部分路段，主要列植杜英、盆架子等乔木；而中间分车绿带和路侧绿带设计均采用组团式植物配置形式，合理搭配乔木、花灌木、草本植物，形成错落有致、变化多样的植被景观（见表 4-14、图 4-38、图 4-39）。组团式设计可将人们对道路景观设计的关注点从长距离的"带状"空间转换为短距离的"组团"空间，使得重点更加突出。创强路中间绿带平面布局线形优美、自由流动，立面植物配置高低错落、层次清晰，景观效果较好。而组团的重复使用创造了开合有致、变化有序的空间序列，形成层次分明、有韵律、有节奏的道路绿化空间，可增强道路的可识别性，有效缓解驾驶员的视觉疲劳。但总体而言，创强路各段景观效果参差不齐，且路侧绿带的乔木品质较差，缺乏配置艺术感。

表 4-14　创强路绿化配置分析

位置	配置形式	选用树种
中间分车绿带	组团式	美丽异木棉、簕杜鹃、澳洲鸭脚木、鸡蛋花、火焰木、红苋草、苏铁、黄槐、散尾葵、变叶木、秋枫、黄瑾、大腹木棉、银边山营兰、红背桂、火山榕、幌伞枫
两侧分车绿带	无	无
行道树绿带	行列式	杜英　盆架子
路侧绿带	组团式	红花羊蹄甲、黄金榕、小叶榄仁、盆架子、大叶紫薇、黄槐、白千层、散尾葵、美丽异木棉、凤凰木、红桑
道路交叉口	孤植	盆架子、台湾草

中间分车绿带 A：组团式配置表现出韵律感

中间分车绿带 B：空间变化丰富

图 4-38　中间分车绿带设计

图 4-39 植物组团

4.4.7.3 次干路——金融大道绿化设计

1）项目背景

金融大道位于广州增城经济技术开发区，总长 1 909 m，呈南北走向，沟通荔新公路和创新大道。

2）绿化设计

金融大道采用两板三带式绿化形式，中间分车绿带宽 3 m，路侧绿带 3～5 m，绿化用地相对较少。中间分车绿带采用行列式的配置形式，高层列植美丽异木棉、树菠萝、锦叶榄仁等大乔木，中层植有鸡蛋花、夹竹桃、银海枣、鸡冠刺桐等小乔木或黄金叶、红花檵木等灌木，矮层用各种草本花卉营造丰富多彩的道路景观（见表 4-15、图 4-40）。虽局部植物种植过密，但总的来说，中间分车绿带整体景观效果良好。路侧绿带采用组团式的植物配置形式，以阴香、美丽异木棉、大叶紫薇、鸡蛋花等乔木搭配变叶木、龙船花、黄金香柳等灌木和地被形成自然群落景观（见表 4-15、图4-41）。

表 4-15 金融大道绿化配置分析

位置	配置形式	选用树种
中间分车绿带	行列式	银海枣、鸡蛋花、美丽异木棉、夹竹桃、树菠萝、锦叶榄仁、红车、鸡冠刺桐、红花檵木、野牡丹、鸢尾、黄金叶
两侧分车绿带	无	无
行道树绿带	无	无
路侧绿带	组团式	鸡蛋花、秋枫、阴香、美丽异木棉、大叶紫薇、亮叶朱蕉、银边草、黄金香柳、变叶木、红花羊蹄甲、龙船花
道路交叉口	组团式	簕杜鹃、台湾草

中间分车绿带 A

中间分车绿带 B

图 4-40　中间分车绿带

图 4–41　中间分车绿带端头和路侧绿带

4.4.7.4　支路——新祥路

1）项目背景

新祥路位于广州增城区新塘镇，全长 1 343 m，呈南北走向，是连接荔新公路和创誉路的一条支路，穿过创新大道。

2）绿化设计

作为一般的支路，新祥路宽度较窄，绿化形式为简单的一板二带式。新祥路用地紧张，两侧建筑密集，来往行人较多，行道树绿带采用节约用地的树池式种植设计来列植香樟（图 4-42）。而路侧绿带只存在于局部较宽的地段，且道路红线与建筑线重合，绿地较少，采用小乔木搭配球形灌木和草坪的植物配置形式，或直接修剪成绿篱（图 4-43）。其交叉口为交通岛式，采用组团的方式将幌伞枫和低矮的福建茶搭配在一起，形成通透的乔灌复层结构，保证驾驶员视线的通达（图 4-44）。

图 4-42　行道树绿带设计

图 4-43　路侧绿带设计

图 4-44 道路交叉口绿带设计

4.5 华南地区高速公路绿化设计及案例分析

4.5.1 高速公路绿化设计

4.5.1.1 高速公路绿化设计基本原则

高速公路是指"能适应年平均昼夜交通量为 25 000 辆以上，专供汽车分道高速行驶并全部控制出入口的公路"。[①] 高速公路是用于联系城市与城市之间的交通要道，其设计车速一般为 80～120 km/h，主要服务于快速行驶的车辆。与城市道路相比，高速公路上的车速更快、路面更高、路基防水要求更高、噪声更大，以及护坡、边沟、高架桥和立交桥更多，所以其绿化设计要求与城市道路有所差别，应遵循以下原则。

1. 安全性原则

高速公路主要功能为交通功能，车流量大、车速快，其绿化设计尤其要注意把握

---

① 邱巧玲，张玉竹，李昀. 城市道路绿化规划与设计 ［M］. 北京：化学工业出版社，2011.

安全性，起到防止夜间眩光、诱导行车视线、缓解驾驶员视觉疲劳等作用，从而保证道路和行车安全。

2. 生态性原则

高速公路的绿化景观建设不仅应与周围环境相协调，还应起到恢复、改善自然生态环境的作用。首先，在设计和建设时应最大限度地保持和维护原有自然景观，尽量避免对自然环境的破坏。其次，应恢复工程建设中破坏的自然生态系统，保护路基边坡，防止水土流失。此外，还可通过绿化设计美化沿线公路环境，提高环境质量。

3. 地域性原则

高速公路全线较长，穿越的地区较多，而不同的地区自然景观、文化特征均有所不同，所以高速公路的绿化应因地制宜地根据不同地区的特点来进行相应的设计，以满足不同地区的要求，体现各区域的文化特色。

4. 综合性原则

高速公路的绿化设计是一项综合性工作，涉及众多方面，需要多学科专业队伍的协同合作，同时还需兼顾经济效益、生态效益、社会效益等。

4.5.1.2 高速公路绿化设计

1. 中间分车绿带设计

中间分车绿带是高速公路绿化中环境条件最恶劣之处，其最主要的功能是分隔上下行车辆和防止眩光。我国高速公路中间分车绿带宽度一般在 1.5 m 以上，当宽度大于 8 m 时，绿化种植可不考虑防眩；当绿带宽度较小时，绿化种植则应优先考虑防眩功能。

防眩植物的高度应控制在 1.5～2 m 之间，过低无法有效地遮挡对向车流的灯光，失去防眩作用；过高，太阳斜照时落在地上的阴影会对高速行驶中驾驶员的视觉产生新的刺激。

2. 路侧绿带

高速公路的路侧绿带主要用于协调公路环境、提高道路安全性、防止噪声和尾气污染等，应根据不同地段的具体情况确定绿化形式，使其具有美化环境、协调景观、保护生态、诱导行车视线等功能。在设计上尽可能保留原有自然景观，适当增添树丛、草本花卉，以丰富公路景观。在树种选择上，尽量选用生长年限长、管理粗放的树种，并保证其多样性。

3. 边坡绿化设计

边坡绿化是高速公路绿化的主体，包括路肩、挖方边坡和填方边坡的绿化，常用的绿化方式有植草皮和播草两种。但要求无论选择何种绿化方式，都必须达到防止水土流失、保护边坡和路基的目的。因此，草种的选择是边坡绿化的关键，所选用的草种应具备根系发达、易成活、易生长、抗病虫害等特点。

对于挖方路段，可在坡脚处栽植爬山虎、辟荔等藤本植物，以缓解路堑边坡给人造成的不适感和紧张感。

4. 互通立交区绿化设计

互通立交区是高速公路的重要节点，立交桥和匝道所围合、环绕、分割而形成的绿地是互通立交区进行绿化设计的场地。由于面积通常较大，绿化多以草坪为主，在草坪上点缀自然式树丛；也可运用各种不同的观花、观叶植物来拼成各种图案或色块造型。但要注意的是，必须确保绿化种植不会妨碍驾驶员的行车视线。

5. 服务区绿化设计

服务区是供人们短暂停留，解决车辆加油、维修和乘客食宿、休息等问题的场所，其绿化设计应满足功能要求，如在停车场四周种植高大乔木，防止车辆暴晒；在大片绿地或重要地段设置花坛、亭榭等小品，并搭配花草、树木，为来往人员提供休憩场地。另外，服务区的绿化设计还应与服务区建筑相协调，并体现地方特色。

4.5.2　案例分析——广州机场高速绿化设计

1. 项目背景

广州市机场高速公路分为南线和北线，南起广州三元里，北至花都区北兴，分别与京珠高速公路（G4）、街北高速公路（G45、S16）、北二环高速公路（G15、G1501）、华南快速干线（S303）、广州环城高速公路（S81、S15）及内环路相接，是一条连接广州北部地区和新白云国际机场的交通枢纽。

2. 绿化设计

机场高速景观绿带自建成以来已有 20 余年历史，是国内建设的第一条生态景观林带。在机场高速的绿化建设中，侧边绿化带特别设置了以桉树为背景的绿化屏障，用绿化的方式将杂乱的外部空间进行遮挡，保证了整体统一的绿化风格。高速公路上行车速度快，景观控制单元的范围相应也要更大。在高速公路上长时间行驶，单一的绿色容易让人感到枯燥和厌倦，并因此产生视觉疲劳。在机场高速的绿化建设中，间隔种植木棉、黄槐、夹竹桃、大花紫薇、蓝花楹、野牡丹等开花植物，并适当加大植株间距，可保证行车过程中的景观性（见图 4-45）；飘带式的花境种植（见图 4-46），也丰富了整体色彩效果，为道路增光添彩的同时，还可调节司乘人员的视线，缓解驾驶员精神疲劳状况，继而提高行车安全。另外，在分车绿带端头设置的花境（见图 4-47），还具有空间引导作用。

在分车绿带端头布置的立体花坛（见图 4-48），色彩绚丽、造型美观奇特，不仅可以美化环境，还起到标识道路空间，提高驾驶员注意力，缓解司乘人员视觉疲劳的作用。同时，立体花坛在设计和制作过程中采用了许多可以反映时代水平的新技术、新材料和新的艺术手法，因而立体花坛也体现出一定的时代精神。立体花坛在高速公路中的运用不仅可以给人带来强大的视觉冲击力和感染力，还可以反映城市的绿化水平，展示城市文化特色，对城市形象的宣传具有重大意义。

木棉

黄槐

夹竹桃

野牡丹

图 4-45 利用开花植物营造"花城"特色

花境 A

花境 B

图 4-46 绿带上的花境设计

图 4-47　分车绿带端头的花境设计

图 4-48　分车绿带端头的立体花坛设计

第 5 章 华南地区道路绿化施工与养护

5.1 道路绿化施工

5.1.1 施工前的准备工作

城市道路绿化施工是将规划设计者的设计意图变为现实的过程，承担绿化施工的单位，在工程开工前，必须做好绿化施工的一切准备工作，确保工程能够按期高质量地完成，贯彻设计意图。

1. 了解工程概况

通过工程的主管单位和设计单位，明确全部工程的主要情况。

（1）植树、草坪及其他有关工程的范围和工程量。

（2）施工期限：包括工程的总进度，即开工和竣工日期，需要注意的是植树工程进度安排需要以树种的最佳栽植时期为前提。

（3）工程投资：包括工程投资方的投资额度、设计预算及定额依据，以备编制施工预算计划。

（4）设计意图：城市道路绿化工程场地较为复杂，一般在设计图纸中不可能完全体现出来，许多问题需要在施工过程中去解决，弄清设计者的设计意图，有利于施工现场问题的处理。

（5）工程材料的来源：包括苗木的出圃地点、时间、质量及规格要求。

2. 现场踏勘

了解工程概况和设计意图后，为了能够更好地组织施工，施工负责人还需要到现场进行详细的调查。详细了解以下情况：

（1）施工现场的土质情况，调查是否需要换土，以及确定换土量及客土来源。

（2）施工现场内外交通情况，是否满足各种施工机械和运输车辆的出入要求。

（3）施工现场的水电情况，以及施工期间人员生活设施的安排。

（4）施工现场各种地上物（如原有树木、市政设施、农田、房屋等）处理要求及相关手续。

3．编制施工计划

编制科学合理、切合实际、操作性强的施工计划对保证工程进度、指导现场施工有非常重要的意义。施工计划主要包含以下内容：

（1）工程概况：工程的性质、规模、建设地点、工期；设计单位的要求、设计意图、图纸情况；施工现场的地质、土壤、水文、气象等；施工力量、施工条件和材料的来源等。

（2）建立施工组织机构：明确责任，分工到人，如生产指挥、技术指导、后勤供应、劳动工资、安全、质量检验等。

（3）编制施工程序及进度计划：按施工规律配置各工程在空间和时间上的次序，制订详细施工进度计划，分单项和总进度计划，规定起、止日期。

（4）制订劳动力、机具使用计划：根据工作量的大小、劳动定额及施工经验，计算出每道工序所需劳动力和机具的使用量。

（5）绘制施工现场平面布置图：包括工程施工范围；临时性建筑的位置；现场的交通路线；设备和材料存放点；测量基线及控制点位置；供水供电线路；消防设施位置等。

（6）制订施工预算计划：依据设计预算，根据实际工程情况、质量要求，制定详细、合理的施工预算。

（7）明确质量保证体系：制定施工技术规范、操作规程、质量控制指标，建立工程质量检查体系。

5.1.2　一般树木的栽植

5.1.2.1　概述

树木是有生命的机体，有其特定的生长发育规律和生长习性。有些树木喜欢光照充足，而有些则适合在阴凉的环境下生长。种植树木应该因时、因地、因树制宜，科学种树，正所谓"秋栽牡丹，春种树"，就是这个道理。

"栽植"往往理解为树木的"种植"，但从广义上来说，"栽植"应该包括树木的掘苗、搬运、种植这三个基本环节。掘苗是将苗木从原生地连根挖掘出来的操作；搬运是将挖掘出来的苗木进行包装后运输到计划种植的地点；种植是按要求将移来的苗木载入事先挖好的树坑中的过程。树木的栽植不仅仅是"挖穴种树"那么简单，还需要了解树木栽植成活的原理，这样才能提高树木栽植后的成活率。正常生长的树木，其生理代谢是平衡的，主要是根对水分的吸收与叶的蒸腾作用是平衡的。掘苗时，原有根系与土壤的密切关系被破坏，导致树木的代谢平衡也被破坏。如果水分代谢平衡没有及时恢复，容易造成树木失水死亡。因此，树木栽植成活的关键是及时建立树木与移植地土壤正常的联系，恢复树木的生理代谢平衡。

1. 树木栽植施工原则

（1）必须符合规划设计的要求。树木栽植施工是将规划设计者的设计愿望、设计意图变为现实的工程，必须熟悉了解设计意图，严格按照设计要求进行施工。

（2）必须符合树木的生长规律和习性。施工人员应该根据树木的特性来选择相应的技术措施，保证栽植成功。

（3）抓紧适宜的栽植季节，以提高栽植成活率。

（4）严格执行树木栽植相关的技术规范和操作规程，安全施工。

2. 苗木的选择与相应的栽植施工措施

不同树种对环境的要求和适应能力有差异，因此移植后对新环境的适应能力也有差异。尽管树种的选用是由规划设计人员来完成，但是施工人员在具体苗木的选择、栽植施工过程中，需要根据树种的特性采取相应的技术措施，保证树木栽植后成活。

（1）发根和再生能力强的树种，如尾叶桉、枫香、深山含笑等，栽植后容易成活，可以裸根移栽，其包装、运输措施也比较简单。

（2）对于常绿树种，如小叶榕、南洋楹、大花紫薇等，必须带土球移栽，才能提高栽植后的成活率。

（3）同一树种，树龄不同，栽植后成活率也会有差异。幼苗掘苗操作方便，对吸收根损伤少。同时，幼苗再生能力强，损伤后的根系容易再生恢复，移栽后成活率高。但是，幼苗植株过小，不能及时发挥绿化效益。壮龄树，能够及时发挥绿化效益，但是营养生长已逐渐衰退，树体大也会造成移栽操作困难，栽植成本高。综合考虑，树木栽植时一般选用幼青年期的大规格苗木。

（4）同一树种，相同树龄的苗木，由于苗木的质量不同，栽植后的成活率也不相同。应选择生长状态良好、没有感染病虫害，同时没有受到机械损伤的苗木，提高移栽后成活率。

3. 树木栽植的时间

根据树木栽植成活原理，只要能够保证树木地下与地上部分生理代谢平衡，理论上一年四季都可以进行树木栽植。但是，为了减少施工难度，降低施工成本，提高树木栽植成活率，一般选择在树木生命活动最弱、枝叶蒸腾量最小和土壤水分充足的时期来栽植树木。因树种和地域的不同，树木栽植的最佳时间也有差异。特别是我国南北方气候差异大，植树的具体时间应该根据当地的气候及所需种植的树种来选择。

一般来说，树种栽植最佳的时间是早春。这时候树木开始生长、发芽，栽植时造成根系损伤部分容易愈合和再生，同时气温回升、土壤水分较充足，再加上此时枝叶蒸腾量较小，有利于保持树木水分的代谢平衡，栽植后树木的成活率较高。

夏季由于树木生长旺盛，枝叶水分蒸腾量大，此时栽植容易造成树木失水死亡。即使可以通过一些技术手段减少树木的蒸腾量，能够提高树木移植后的成活率，但是成本较高，故应该尽量避免在夏季进行栽植。

深秋或初冬，对于严寒地区，由于土壤冻结严重，不适合栽植树木。而对于华南、华东地区，冬季土壤基本不结冻，这时树木开始休眠但地下根系还未停止运动，这时也有利于损伤根系的愈合，可以进行冬植。

5.1.2.2　树木栽植技术

树木的栽植程序大致包括：种植穴的准备、苗木的挖掘与包装、运苗与假植、栽前修剪、树木栽植等。

1. 种植穴的准备

挖掘种植穴前需要定点和放线，根据设计图纸的要求，确定各树木的种植位置。种植穴位置必须保证准确，做好明显标志，标明树种名称（代号）、规格。城市道路两旁树木栽植穴的挖掘工作看似简单，但是种植穴的规格及质量好坏，对树木栽植成活率和定植后树木的生长有非常重要的影响。种植穴的大小应该根据苗木根系、土球直径和土质情况来决定，一般比土球或根系大 20～30 cm；种植穴的深度要比树木原栽植深度略深些。具体挖穴规格可参考表 5-1。

表 5-1　落叶乔木、常绿树、落叶灌木刨坑规格

落叶乔木胸径 /cm	落叶灌木高度 /m	常绿树高 /m	坑径 × 深 /（cm×cm）
		1.0～1.2	50×30
	1.2～1.5	1.2～1.5	60×40
3.0～5.0	1.5～1.8	1.5～2.0	70×50
5.1～7.0	1.8～2.0	2.0～2.5	80×60
7.1～10	2.0～2.5	2.5～3.0	100×70
		3.0～3.5	120×80

注：这里的胸径、坑径都是指直径，下同。

挖穴要严格按照定点和放线的标志来进行，以标志点为圆心，以规定尺寸为半径画圆，挖穴时沿着画线边缘向下垂直挖掘，挖到规定的深度后，将坑底挖松，整平。注意必须保证种植穴壁直上直下，不得上大下小或者上小下大，不然会造成苗木根系舒展不开或者填土不实，进而影响树木栽植后的成活和生长，植树坑形状正确与否见图 5-1。遇到土质不好的种植地，土质过于坚实，或者有石灰、沥青、废金属等有害物质，则应该加大种植穴的规格，同时将废土和坏土及时运走，换上无杂质的沙质土壤，以利于树木根系的生长。

| 正确 | 不正确 | 不正确 |

图 5-1　植树坑形状

2. 苗木的挖掘与包装

苗木挖掘时，应该尽可能多地保护苗木的吸收根系，这类根系对水分和养分的吸收能力最强。若挖掘时，吸收根系损伤过多，会给树木栽植后的生长带来严重的障碍，甚至会影响树木栽植后的成活。因此，在起苗前应该做好相关的准备工作，起苗后也要做好适当的保护措施。

1）挖苗前的准备工作

（1）选苗和号苗：挖苗前要按设计要求的数量、规格来选择苗木，注意应选择生长状态良好、根系发达、没有感染病虫害，同时没有受到机械损伤的苗木，并做好标记。

（2）拢冠：用草绳将苗木蓬散的树冠进行捆扎，保护树冠以及便于操作。

（3）苗圃土壤准备：为了便于挖掘操作及减少对苗木根系的损伤，苗圃地过于干燥时，应该提前 2～3 天进行浇水；过于潮湿，则应该提前开沟排水。

2）苗木的挖掘

常用的挖掘方法有裸根掘苗法和带土球掘苗法，具体采用哪种掘苗方法应该根据苗木品种来决定。裸根掘苗法，适用于大多数落叶树在休眠期进行栽植，该法操作简单、节省人力和运输成本。带土球掘苗法，由于保留部分原土，并且土球内吸收根系未受损伤，对栽植后苗木的恢复有利，但是操作困难，运输成本高，因此一般只用于采用裸根移植法无法成活的树种。

掘苗时，苗木保留根系或土球的大小应该参照苗木的胸径和高度来决定，落叶乔木保留根部的直径，一般为其胸径的 9～12 倍。常绿苗木保留土球的直径，一般为苗木高度的 1/3～1/2。

3）苗木的包装

带土球掘苗时，苗木挖好后，为防止土球松散和利于土球保湿，还需要对其进行打包处理。常用打包方法有：蒲包法、扎草法、捆扎草绳法。蒲包法是用蒲包或草袋对土球进行包装，适用于苗圃土质较疏松，运输距离较远的苗木。扎草法是用湿润的稻草对土球进行包装，适用于土球规格较小（直径为 30 cm 左右）的苗木。捆扎草绳法是用草绳对土球进行捆扎包装，常用捆扎方法有五角形包法、井字包法，适用于土球土质为黏土的苗木。

3. 运苗与假植

苗木的运输和假植，也会对苗木栽植的成活有重要的影响。实践证明，最好能够随掘、随运、随栽。缩短苗木根部暴露在空气中的时间，能够有效提高苗木栽植后的成活率。

装车前，需要安排专人对苗木的品种、规格、数量、质量进行检查，以免出现错漏而影响工程进度。装车时，苗木要排列整齐，苗木与车体接触部分，应用蒲包、草袋等软物垫好，然后将树干捆牢，防止运输过程中擦伤树干。运输裸根苗木时，还需用湿草袋将苗木根部盖严，以免根系失水受损。

运苗时，安排专人跟车押运。短途运输，最好不要在中途停留。长途运输，要用草袋等将树苗覆盖，途中要做好苗木根部浇水保湿措施。运输到现场后，要立即安排卸车。卸车时，要轻拿轻放，依次从上往下操作，切忌从中间抽取，更不能整体推下。

苗木到达栽植现场后，一般应立即进行栽植。如果不能及时栽植，则必须对苗木进行假植。裸根苗木假植时，挖好宽度 1.5～2 m、深度 0.4 m 的假植沟，将苗木整齐放好，逐层覆土将根部埋严，并适量浇水。带土球苗木假植时，将苗木集中起来，排列整齐，四周培土，适量浇水，注意控制水量，防止泡软土球影响搬运。

4. 修剪与栽植

1）栽前修剪

为了减少枝叶的蒸腾作用，保持栽植后树木的生理代谢平衡，栽植前必须对苗木进行适当修剪，对裸根苗木来说更是必不可少的措施。修剪包括树冠修剪和树根修剪两部分，树冠修剪时主要对苗木的折断枝、断裂枝、病虫枝、交错枝、重叠枝以及其他影响树形的枝条进行剪除；树根修剪时主要对断根、病虫根、劈裂根及过长根进行剪除。此外，如果苗木高度在 3 m 以下时，修剪工作也可以在栽植后进行。

2）树木栽植

苗木修剪后即可进行栽植，栽植前要按设计要求核对苗木的品种、规格及种植位置。栽植工序分两步，第一步是散苗，即将苗木按规定摆放到将要栽植的种植穴旁。第二步是栽苗，裸根苗木和带土球苗木的栽植方法有所差异。

散苗时要注意轻拿轻放，以免损伤苗木。最好能够做到边散边栽，保证散苗与栽苗的速度同步，减少树根暴露时间。散苗时，苗木不得横放于路上影响交通。带土球的苗木散苗时，还需要保证土球完整，不得滚动土球。

裸根苗木的栽植：一人将苗木放入种植穴内并扶直，尽量保持苗木原生长方向，注意使苗木根系舒展，不得窝根。其他人用工具进行填土，先填入表土，再填心土。填土到一半时，轻提苗木使根系与土壤充分接触。然后，继续填土，并分层踏实。

带土球苗木的栽植：土球入坑时要深浅适当，尽量保证种植穴的深度与土球的高度一致。入坑时也是将苗木扶植并尽量保持原生长方向，填土时先在土球底部四周填少量土，将土球固定（见图 5-2）。然后，将包装物取出，以利于根系的生长。继续填土并分层踏实，这个过程中注意不要破坏土球。

图 5-2　树木的栽植

5.1.3　大树移植

5.1.3.1　大树移植概述

1. 大树移植定义

大树移植是为了满足某些特殊的绿化需求（如需要在最短的时间内改善环境景观），对已经定植多年的树木进行再移栽。树木的规格满足如下条件之一称为大树：

（1）落叶和阔叶常绿乔木：胸径在 20 cm 以上；

（2）针叶常绿乔木：株高在 6 m 以上或地径在 18 cm 以上。

2. 大树移植在城市绿化建设中的意义

随着城市化建设的发展，经常需要修建新的道路或者对原有道路进行改造，为了保护建筑用地内的一些大树、古树，需要进行大树移植，例如杭州市上塘路建设工程，将城区内两株 500 多年树龄的香樟树移植到附近 100 米地方，开创了巨型古树移植的先河，其他城市也有类似的情况。因此，大树移植是一项保护城市自然植物资源的重要手段和技术措施，对挽救和保护城市景观树，特别是名树古木，具有非常重要的意义。

另一方面，单纯采用小苗栽植的方法来实现城市绿化建设已经不能满足目前城市绿化建设需求。为了在最短的时间内形成良好的景观效果，较快发挥城市街道、绿地、园林庭院空间等的生态和景观效益，在条件允许情况下，经常会考虑通过大树移植的方法来栽种树木。因此，大树移植也是城市绿化建设中行之有效的技术手段，能够快速优化城市绿地的空间结构和植物配置，及时满足建设工程的绿化美化要求。

3．大树移植的特点

大树移植本质上与乔、灌木栽植是相同的，但是大树移植工程量巨大，如果移植后大树不能成活，不仅会造成人力、物力、财力的浪费，也会造成极大的生态价值的浪费。大树移植相对于一般的乔、灌木种植，主要有以下特点：

（1）移植成活困难：主要是由于大树树龄大，细胞的再生能力变弱；根系扩展范围广，在一般带土范围内，吸收根的数目非常少且多木质化，容易造成大树移植后失水死亡。

（2）移植工程量大：移植前需要充分掌握树木的详细情况，包括规格、品种、树龄、目前生长情况、病虫害情况等，同时还要对大树原植地和定植地的生态环境进行评估，并根据评估的结果制定相应的改善措施，保证定植地的生长环境不差于原生环境。移植涉及大树的挖掘及包装、大树的吊装运输、大树的栽植等环节，各个环节都要制定好相应的技术方案和安全措施。大树移植后要做好养护管理工作，主要有浇水、支撑、包扎、遮阴、施肥、防病治虫等，以保证大树移植后的成活率。

（3）绿化效果迅速：大树移植能够在最短的时间内改变一个区域的空间结构和自然面貌，特别适用于一些重点工程，能够最快实现工程绿化美化效果，并尽早发挥其综合功能。

5.1.3.2   大树移植前的准备工作

大树移植前，为了保证树木移植后的成活率，需要在移植前做好相应的准备工作，主要包括大树预掘、大树修剪、大树编号、定向以及清理现场和运输准备等工作。

1．大树预掘

大树移植时难免会对大树的根系造成一定的损伤，同时，为了保证树冠形态，一般不会对大树进行重剪；如果重剪，那么蒸腾作用会导致水分供需不平衡，容易造成大树失水严重死亡。因此为了提高移植后的成活率，移植前必须采取一定的措施促进树木的须根生长，常用的方法有：多次移植法、预先断根法和根部环状剥皮法。

（1）多次移植法：此法使用于专门培养大树的苗圃中，树木经过多次移植能够使大部分根须都聚集在一定的范围内，移植时可缩小土球的尺寸和减少对根部的损伤。多次移植法的具体操作需要根据不同树种来调整，速生树种的苗木可在头几年每隔 1—2 年移植一次，待胸径达 6 cm 以上时，每隔 3—4 年再移植一次。慢生树种则待其胸径达 3 cm 以上时，每隔 3—4 年移植一次，胸径生长到 6 cm 以上时，则每隔 5—8 年移植一次。

（2）预先断根法：又称断根缩坨法，或者称回根法。挖掘土球时保留大量的吸收根系，是保证大树移植后成功存活的关键。预先断根法是只保留起苗范围内的根系，然后利用根系的再生能力，进行断根刺激，使主要的吸收根缩回到主干根附近，并促进其生产大量的侧根和须根，以提高大树移植后的成活率。此外，预先断根法还能有效减少土球的体积，便于起运，降低移植成本。

在有条件的情况下，一般在移植前1—3年分期交错对树木进行切根处理。在第一年的春季或者秋季，以根茎为中心，以胸径3～4倍为半径画一个圆或方形，再在相对的两面向外挖宽为30～40 cm、深为50～80 cm的沟，对较粗的根，用工具，将内壁齐平切断，然后用沃土填平，定期进行浇水，促进其愈合生根。到第二年的春季或者秋季再利用同样的方法对树木相对的两面挖沟断根，若第三年苗木生长正常，断根处长满须根，便可将其挖出移植，移植时应尽量保护须根，这种方法主要适用于定植多年或者野生的大树。

（3）根部环状剥皮法：挖沟方法同预先断根法一致，但不切断大根，而是采用环状剥皮的方法，剥皮宽度为10～15 cm。此法也能促进须根生长，同时由于大根未被切断，可以不用增加支柱来稳固树身。

2. 大树修剪

大树修剪可以降低水分蒸腾，促进地下、地上尽快达到水分平衡，是提高大树移植成活率的关键措施。修剪方法和强度应该根据树种、生长情况、绿化功能和移植季节等因素综合决定。对萌芽力强、树龄大、枝叶稠密的应多剪，常绿树、萌芽力弱的宜轻剪。对于需要强力修剪的大树，尽量在移植前15～30天进行修剪，并对3～5 cm以上口径的伤口进行保护。这样既可以避免移植时树体损伤过重导致难以成活，也可以避免移植时伤口处萌发大量细嫩枝条。常用的修剪方式有全苗式、截枝式、截干式三种。

（1）全苗式：原则上保留原有的枝干树冠，主要进行剪枝、摘叶、摘心和摘花、摘果，适用于常绿树种（如雪松、白皮松等）及萌芽力弱的树种（如桂花、木棉等）。

（2）截枝式：只保留树冠的一级分支，将其上部枝条截去，适用于中央领导枝明显、萌芽力较强的树种（如樟树、细叶榕、银杏等）。

（3）截干法：将整个树冠截去，只保留一定高度的主干，适用于生长快，萌芽力、成枝力强的树种（如国槐、合欢、悬铃木等）。

3. 大树的编号、定向

（1）编号是将种植穴和移植的大树编上相对应的号码，移植时可以对号入座，减少现场混乱，保证按计划进行，防止错栽，特别是移植成批的大树时尤为有效。

（2）定向指用油漆在树干上标明树木在原生长地的南北朝向，用以指导大树移植时入穴的方位，保证其能保持原生长方位，以满足树木的庇阴及阳光要求。

4. 清理现场及运输准备

在移植前，应该将树干周围 2～3 cm 以内的碎石、灌木丛及其他障碍物清除干净，并对地板进行整平处理，为大树的顺利移植创造条件。同时，根据大树移植的先后次序，合理安排移植的运输路线，保证大树能够顺利运出。

此外，大树移植时所带土球较大，体积及质量也比较大，经常需要运用吊车来进行装卸，因此需要提前确认好吊车的行走路线，对行走路线内的障碍（低矮的架空线路）要采用临时措施，保证吊车能够顺利进行作业，防止事故发生。同时，对需要进行病虫害检疫的树种，需要提前办理相关证明。

5.1.3.3　大树移植方法

大树移植的操作方法应该根据树木的品种、树体的大小、生长情况、立地条件、移植地生境、移植季节等因素确认。华南地区常用的大树移植方法有软材包装移植法和木箱包装移植法两种。无论采用哪种方法，都有三个关键的步骤：挖掘、吊运、栽植。

1. 软材包装移植法

软材包装移植法主要适用于胸径为 10～15 cm 或稍大一些的常绿乔木。主要操作技术如下：

1）大树的挖掘

（1）确定土球尺寸：土球的直径和高度应该根据树木的胸径大小来确认，详情见表 5-2。土球的直径一般以树木胸径的 7～10 倍为标准，土球的高度必须保证能够包含大量的根系在内，一般规定土球的高度为直径的 2/3。土球过大，会增加运输难度。土球过小，又可能由于根系损伤过多而影响大树的成活。

表 5-2　土球的规格

树木胸径 /cm	土球直径 /cm	土球高度 /cm	留底直径
10～12	胸径 8～10 倍	60～70	土球直径的 1/3
13～15	胸径 7～10 倍	70～80	

（2）挖掘：为了保证树木和操作人员的安全，挖掘前一般用竹、木杆来支撑树木，主要在树干下部 1/3 处支撑，并绑扎牢固，防止挖掘过程中树木倾倒。以树干为中心，根据确认土球的规格为半径画圆并撒灰，作为挖掘的界限。沿撒灰线外线进行挖沟，沟深为土球的高度。挖掘到规定深度后，用铁锹对土球表面进行修整。修整时如遇到粗根，应用锯或剪将根切断，避免用铁锹硬扎而造成土球散开。土球修好后，及时用草绳将土球腰部系紧（称为"缠腰绳"），缠腰宽度一般为 20 cm 左右。然后，对土球进行打包，操作时先用蒲包、草袋片、塑料布等包装物将土球表面盖严，并用

草绳将腰部捆好，防止包装物脱落。然后用双股湿草绳一端拴在树干上，接着按顺序缠腰土球，将草绳绕过土球底部，拉紧捆牢，每道草绳间隔在 8 cm 左右。打包完后，轻轻将树木推倒，用蒲包将土球底部堵严，再用草绳捆牢，土球就包装完成了。

2）大树的吊装运输

提前准备好吊车、货运汽车。吊装、运输途中，要注意保护好土球，防止其破碎散开。事先准备好捆吊土球的长粗绳，要求具有一定的强度和柔韧性，例如 3～3.5 cm 的麻绳。同时，准备好隔垫用草袋、木板、蒲包等。

吊装前，将粗绳捆在土球的腰下部，另一头拴在主干的中下部，为防止粗绳起吊时因重量过大嵌入土球切断打包用的草绳而造成土球破碎，应在土球和吊绳之间垫以木板、蒲包等材料。装车时土球一端要靠车头，树梢朝后，顺卧在车厢内（见图5-3）。土球两边填以厚木板或其他材料，保证土球在车厢内不会滚动，同时用粗绳将土球和车身捆牢，防止晃动散体。大树运输到现场后，要立即卸车，卸车方法与装车基本相同。

图 5-3　大树吊装运输

3）大树的栽植

图 5-4　大树的栽植

软材包装带土球的苗木，可按照装车时的吊装方法直接吊入树坑中进行栽植。大树栽植前需先挖好树坑，树坑的规格要比土球直径大 40 cm、深 20 cm。遇土质不好时，树坑规格应加大并换土。如需施底肥时，要将有机肥和回填土拌匀，栽植时施入坑底和土球周围。大树入穴时，要按原生长时的南北向栽植，保持土球表面与地表平齐。树木直立后，先用支柱进行支撑，填土前尽量将包装物取出。然后分层填土，分层踏实，操作时注意不要损伤土球（见图 5-4）。

2. 木箱包装移植法

木箱包装移植法适用于胸径为 15～30 cm 的大树，可以防止吊装运输过程中土球发生散坨。

1）大树的挖掘

土台大固然有利于树木成活，但是会给吊装运输带来很大的困难。因此，在确保成活的前提下，计划用木箱包装移植法的植物的土台规格也应该尽量小，一般土台的上边长为树木胸径的 7～10 倍，具体可参考表 5-3。

表 5-3　土台规格

苗木胸径 /cm	15～18	18～24	25～27	28～30
土台规格 （上边长 × 高）	1.5 m × 0.6 m	1.8 m × 0.7 m	2.0 m × 0.7 m	2.2 m × 0.8 m

土台规格确定好，以树干为中心，按照比土台大 10 cm 的尺寸画正方形，将土台表土铲去，同时做好南北向的标志。接着沿画线外围挖 60～80 cm 宽的沟，一直挖到土台规定的高度。然后，用铁锹修整土台四壁，修整时保证土台尺寸稍大于边板的规格，以便装箱时箱板能够紧紧抱住土台。此外，还需要保证土台呈上宽下窄的形状，与箱板形状一致。土台修整好后，应立即上箱板，以免土台坍塌。上箱板时先上四周侧箱板，保证每一块箱板的中心都和树干处于同一直线上，不能倾斜，并使箱板上边低于土台 1～2 cm，以便吊运时土台下沉。在箱板上下部分分别套以带有紧丝器的钢丝绳套，同时收紧绳套，并用铁锤敲打板箱上角，使其受力均匀，箱板收紧后即可在四角钉上 8～10 道铁皮。之后，对树木进行支撑后可进行掏底，掏底作业是用小平铲等工具将土台底部掏空。掏底应分多次进行，每次掏底宽度应等于或稍大于每块底板的宽度。每次掏够一块木板宽度时，立即钉上一块底板。上底板时先用千斤顶辅助将底板与边板贴紧，再用钉子贴牢。每次钉好一块底板后，垫入横木进行支撑。再继续向内掏底，底板全部钉好后，即可钉上板。在上板与土台之间垫一层蒲包片，上板一般为两块或四块，方向与底板垂直。

2）大树的吊装运输

木箱包装移植大树，因其质量较大，一般采用起重设备，如用起吊机进行吊装。吊装时，要注意保护树冠和枝干不受损伤。先用一根较短的钢丝绳，将木箱四壁绕好围起，两端扣住木箱的一侧。用吊钩勾住钢丝绳缓缓起吊，再用草袋、蒲包等材料包裹树干，捆好麻绳并套在吊钩上，以便使树干保持合适的起吊姿势。起吊过程中，必须遵循"慢吊、慢移、慢放"的原则，既要保证木箱不受损坏，也要保证人员安全，不出安全事故。装车时，木箱朝前，树冠朝后，需要在木箱底部垫好方木。同时，为防止树冠拖地受损，应该在车厢尾部做好支架对树干进行支撑，支撑处也要用草袋、蒲包进行包裹，防止磨伤树干。最后，用钢丝绳将木箱固定在车厢上。

带木箱包装的树木运输到现场后，要先进行卸车立直。操作方法与装车时大体相同，只是捆钢丝绳位置比装车时稍偏向上端，树干上的麻绳的长度也要放短些。在地上垫好方木，将木箱缓慢放稳在垫好的方木上，抽去原吊装用的钢丝绳和麻绳。

3）大树的栽植

树木栽植前应提前准备好栽植坑，带木箱包装的苗木的种植坑为方形，通常比木箱深 15～20 cm，大 50～60 cm。种植坑中间用细土堆成高 15～20 cm，宽 70～80 cm 的土台，以便放置木箱。

树木入坑前，用草袋、蒲包等包裹树干，防止吊装入坑时树干被磨伤。接着，用两根等长的钢丝绳兜住箱底，套在吊钩上，即可将树木吊入坑中，木箱未完全落于中间土台上时，可先拆除中间底板（如土质疏松，可不拆除中间底板），木箱落实放稳后，再拆除两侧底板，慢慢将钢丝绳抽出，并在树干上捆好支柱，支撑树木。然后，可以拆除上板，并进行填土，填至 1/3 处，则可拆除四周边板，继续填土，分层进行踏实，直至填满。

5.1.4　草坪建植

5.1.4.1　概述

草坪是城市绿化的重要组成部分，也是城市道路绿化的重要工程之一。草坪在城市道路绿化中的作用主要体现在对生态环境的保护和改善方面。例如防止水土流失、改善地表水质量、改良土壤、减少噪声和光污染、吸收有毒物质、降温散热、休闲娱乐等。

草坪建植也称建坪，是建立起草坪地被的综合技术的总称，主要包括坪床的准备、草坪草种的选择、栽植施工等工作。建坪前期的准备工作对形成高质量的草坪起到非常关键的作用，建坪初期工作的失误可能导致将来草坪出现杂草入侵严重、排水不良、草皮脱落以及病虫害蔓延等问题，给将来草坪的品质、功能、管理等带来非常不利的影响。

5.1.4.2　坪床的准备

1. 坪床的清理

坪床的清理是指按计划清除和减少建坪场地内的障碍物，保证建坪工作的顺利进行。如对于具有原生长树木的场所，应该完全或者选择性地移走树木；清除不利于作业和草坪生长的石头、瓦砾等；清除场地内的杂草等（见图 5-5）。

图 5-5　坪床清理

（1）树木的清理。包括对乔木、灌丛、树桩及树根等的清理，树桩及树根应该用推土机或者其他的方法挖除，以免地下残留部分发生腐烂或对地形造成影响；而现有的乔木可以根据其观赏或实用价值来确定是进行移植或者伐去。

（2）岩石、瓦砾的清理。通常将坪床面35 cm以内的表层土壤中的岩石、瓦砾除去并用土填平，否则会造成水分供给不均匀，同时也会给后续草坪的养护带来麻烦。

（3）杂草的清除。杂草的清除有物理清除和化学清除两种，具体采用哪种方法应该根据建坪场地、作业规模和杂草种类来决定。物理清除是采用耕作措施让杂草的地下器官暴露在土壤表层，使其干燥脱水死亡；化学清除是使用化学试剂来杀灭杂草，常用的化学试剂有溴甲烷、茅草枯和硫酸甘氨酸等，通常在坪床翻耕前的7～30天内使用。

2．草坪的翻耕

草坪的翻耕是为了疏松土壤，改善土壤的通透性和持水性，使植物根系深扎，提高草坪抗表面侵蚀和践踏的能力。翻耕（见图5-6）通常包括犁地、圆盘耙耕作和耙地等连续操作，如果坪床面积较小，用旋耕机耕一两遍也能达到同样的效果。

犁地是使用机械力耕地，将土壤翻转一遍，翻土后土壤松散成颗粒状。草坪植物的根系多分布在20～30 cm的土层内，所以通常要求翻土的深度不小于40 cm。耙地作业主要是将坪床上的土块、表壳破碎，以改善土壤结构。耙地可以使坪床的表土形成均匀颗粒和平滑床面，其作业质量对草坪的质量和管理有着重要的影响。

翻耕操作时应注意土壤的含水量，土壤含水量过高或过低都会破坏土壤的结构。可通过手捏土块的方式来判断土壤含水量是否合适，土块容易被捏碎则可以判断土壤含水量适合翻耕。

图5-6　草坪的翻耕

3．草坪的平整或造型

植草前，需要按照草坪的类型和设计要求对坪床进行平整或造型，如为自然式草坪应有适当的自然起伏，规则式草坪则要求场地平整。平整时场地突起部分需要挖方，低洼的部分则需要填方，因此施工前需要对场地进行必要的测量和筹划，计算好挖方和填方量，制订详细的施工方案。

为了确保平整出的地面平滑，同时保证符合坪床高度的设计要求，可按设计要求每相隔一定间距设置木桩标识。然后在木桩上面放置长木条和水平仪，并适当调节木桩的高度，调节后的木桩作为填土操作的基准。同时，填土时要考虑土壤沉降问题，填土高度通常要比设计标高大 15% 左右，一般建议每填 30 cm 厚的土壤就进行压实，以防土壤下陷。此外，草坪用地要求有利于地表水的排放，同时无低洼积水之处，可以在平整后进行灌水，土壤沉降后，若发现场地有积水之处则进行填平。

4．土壤的改良

土壤是草坪生长的物质基础，不仅具有固定草坪草的功能，还为草坪草的生长和发育提供必需的水、肥、气、热等条件。土壤的质地和结构直接影响了土壤的通气、持水和透水状况，而土壤的 pH 值、养分及其他离子的含量状况则会影响到草坪草的健康状况和功能，土壤微生物的种群、数量，也会影响到有益微生物和病原菌的平衡，进而影响草坪草的生长与健康状况。

图 5-7　土壤改良

土壤的改良是在土壤中加入改良物质，从而改善土壤的物理化学性质的过程。土壤的通气不良、保水性差、养分不足、pH 值过高或过低等问题都可以通过土壤改良来进行改善。在建植前，应充分了解土壤的物理和化学特性，并根据建植要求进行适当的土壤改良（见图 5-7）。如土壤过于黏腻，可混入沙质土、粗砾、煤渣等，以增加土壤的通水通气性能。如土壤 pH 值过低，可加入石灰来降低酸度；pH 值过高，则可加入硫酸镁等来调节。如土壤中地下害虫较多，可用高锰酸钾水溶液喷洒进行土壤消毒。如土壤受污染严重，则需要将坪床面以下 40 cm 的表土清除并换土。

5.1.4.3 草坪草种的选择

正确地选用草种，对于草坪的栽培管理至关重要，是建坪成败的关键。草坪草品种的选择要考虑适应当地的气候条件、种子的价格及获取的难易程度、建坪的成本及维护的费用、草坪草的品质及繁殖能力、草坪草的生物特性等。草坪草的种类、品种的选择，可参考以下条件及标准：

（1）适应当地的气候及土壤条件，南方地区要求草种耐炎热、生长迅速，通常选用暖季型草种，如地毯草、马尼拉草、兰引三号等。

（2）灌溉容易实现，建坪及维护管理成本低。

（3）选择质地柔软、光滑的细质草坪草。

（4）对外力的抵抗性好，如耐践踏、耐磨、耐修剪。

（5）颜色美、绿色期持续时间长。

5.1.4.4 草坪建植的方法

草坪建植的方法主要有播种法和铺设法两种，建坪时具体选择哪种建植方法需要根据建植成本、时间要求、草坪草的形态及生长特性来决定。播种法是利用草坪植物的种子播种来形成草坪，优点是建植的成本低、长远来看实生草坪植物的生命力较铺设法形成的草坪强，但缺点是建成草坪需要的时间长、杂草容易侵入、养护管理要求高。铺设法是带土成块移植草皮建坪的方法，优点是可以快速形成草坪、栽植后容易管理；缺点是建植成本高，需要有充足的草源。

1. 播种法建植草坪

（1）播种时间

草坪草的播种时间，需要根据草种和气候条件来决定。一般地，华南地区 3～11 月均可进行播种，但生产实践表明，暖季型草坪草最佳播种时间为春末夏初，因为这时候可以满足初生幼苗生长所需的温度和有足够的生长期。

（2）播种量

播种量的多少受多种因素影响，主要包括草坪草品种、发芽率、幼苗的活力和生长习性、坪床的质量、播种后管理水平及种子的成本等。播种量过小，会降低成坪速度和增加草坪管理难度；播种量过大，又会促进真菌病的发生，增加建坪成本和造成浪费。理论上，保证每平方厘米有一株活苗即可，一般种子用量为 20～30 g/m²。

（3）播种方法

常用的播种方法有人工手播、机械撒播和液体喷播。草坪的播种要求将种子均匀地覆盖在坪床上，然后将种子掺和到 1～1.5 cm 的土层中。播种时需要控制合适的覆土厚度，覆土过厚，会导致胚胎内存储养分不能满足幼苗需求而死亡；覆土过浅，又会有种子被地表径流冲走造成流失问题。

2. 铺设法建植草坪

铺设法是常用的草坪建植方法，该方法简便、迅速、操作简单，除北方冻土期外，可以在一年四季形成瞬时草坪。但是，铺设草坪前，草源地的选择、草皮的挖掘、运输存放及草坪铺设方法的选择等都需要进行精心的规划，才能保证草坪铺设成功。

（1）草源地的选择

草源地一定要事先准备好，草源要保证充足，并且留有余量。草源地草坪面积通常应该大于铺设面积，因为正常情况下 1 m² 的草源地是不足以铺满 1 m² 的草坪的。此外，草源地应该保证交通良好，便于挖掘运输。

（2）草皮的挖掘

草皮挖掘时，应尽可能少带土，但也不宜过薄，否则草皮保持水分的能力会显著下降，铺植前难以保持新鲜，所带土壤厚度为 2～3 m 为宜。在挖掘草皮前，可以先进行灌水，待水渗透后再进行操作，这样会便于施工，用工具将草皮切割成需要规格的块状或条状，再用平铲起出草块即可。

（3）草块的运输存放

起草皮的同时要做好装车准备，最好能够随起随装。草皮块可以堆叠起来运输，条状则卷成草皮卷进行运输。为了避免草皮受热或者脱水造成损伤，运输过程中要做好保湿、降温措施，同时起草皮后要尽快铺植，一般要求在 24 h～48 h 内铺植好。

（4）草坪的铺植方法

铺植草坪时，一般有密铺法和间铺法两种。密铺法是不留间隔的铺植方法，这种方法马上形成草坪块，容易管理，但需要的草皮数量比较多。间铺法需要的草皮数量相对少些，但是铺植时需要一定的技巧。无论采用哪种方法，铺植后应对其进行滚压或拍打，使其与土壤紧密接触，同时要及时浇水并保证浇透，随后每天都要浇水，直至草皮生根后才根据实际情况适当减少浇水量。

5.2　道路绿化养护

俗语有云"三分栽，七分管"，这道出了道路绿化植物栽种后养护管理工作的重要性。种植施工是短期工作，而养护和管理却是一项持久性工作，一年四季不可中断。

若只栽不管或重栽不重管，会导致道路绿地出现杂草丛生、绿化植物生长不良、病虫害严重等问题，起不到应有的绿化美化效果。为了使绿化植物健壮生长，更好地发挥其功能效益，必须根据这些植物的生长特点及其生物学特性，结合道路绿地环境条件制定一系列科学合理的养护管理措施。

5.2.1 树木的养护管理

5.2.1.1 树木的灌溉与排水

1. 树木的灌溉

树木只有在水分供应充足的情况下才能维持正常的生命活动，发挥各种功能效益。而不同习性、不同种类和处于不同气候条件、不同生长阶段的树木对水分的需求各不相同：耐旱树种需水量较少，喜湿树种需水量大；观花、观果树种需水量较多，特别是在花期和坐果期；树木生长期前半段要求水分供应充足，后半段则要适当控制水分。

树木的灌溉应根据气候、土壤条件及树木的种类、树龄、长势等具体情况来确定浇水量和浇水次数。一般而言，新栽树木在成活后 3～5 年内仍对水分很敏感，旱季应多灌水，雨季不灌或少灌。成年树木根系深广，抗旱力强，在其出现明显缺水状态时灌水即可。灌木在补种七天内、施肥后两天内，应增加灌水次数，并保证浇足浇透。花灌木的浇水还应考虑其开花习性，根据花开花谢的节律变化掌握灌水时机。旱季所有灌木花坛、绿篱都应根据实际情况多加灌水。

灌溉应适时适量，使树木根系分布范围内的土壤湿度达到最有利于树木生长发育的程度。华南地区 4～10 月为雨季，降水较多，空气湿度大，一般只需在持续干旱天气时补充灌水，冬季为旱季，应加强灌水。夏季高温，灌水应在早晚进行，而冬季低温期间，可选择中午气温较高时灌水。

另外，灌溉还可与中耕、除草、施肥等管理手段有机结合，但喷药后 24 小时内不能浇水，补植及施肥后则应浇足浇透。道路绿化常用的浇水方式有：

（1）盘灌：以树干为中心，在地面筑埂围堰，在盘内灌水深 15～30 cm。灌水前应先在围堰内松土，以利水分渗透，待水渗透完后，铲平围埂，盖上松土。此法省水、经济。

（2）漫灌：任水在地面漫流，靠水的重力作用和绿地的自然坡度浸润土壤。此法较为粗放，需水量大。

（3）喷灌：用输水管道和喷头模拟人工降雨，用水枪、水管对树冠喷水或用洒水车洒水（见图 5-8）都属于喷灌。这是道路绿化养护最常用的方式，省水省力，但需设备投入。

（4）滴灌：指利用安在土壤或植物根部的细管，将水以水滴状或细流状输送到树木根部，进行局部灌溉的方法（见图5-9）。此法省水、省工、省时、高效，但设备投资大。

图 5-8　洒水车洒水

图 5-9　滴灌

2. 树木的排水

如果土壤积水过多，会造成缺氧，从而影响树木的生长。华南地区降雨量大，特别是7、8月份容易突下暴雨，要注意做好树木防涝排水工作。常见的道路绿化养护排水方法有：

（1）明沟排水：在道路绿地表面纵横开浅沟，将低洼处的积水引至出水处，沟底坡度以0.2%～0.5%为宜。

（2）暗沟排水：在地下埋设管道或用砖石砌暗沟，引走低洼处的积水。

（3）地面排水：在建设道路绿地时，将地面整成0.1%～0.3%的坡度，使暴雨时雨水能自然顺地面流走。

5.2.1.2　树木的中耕施肥

1. 中耕除草

1）中耕

中耕多结合除草进行，通过对表层土壤的疏松，改善土壤的通气性，调节土壤水分含量，提高土壤肥力，有利于树木根系的伸展。道路绿地常因浇水、降雨以及行人走动而板结，应适时进行中耕松土，以免影响植物的正常生长。

一般情况下，大乔木可隔年松土一次，小乔木一年一次，花灌木一年至少1～2次。中耕宜在晴天或初晴之后，选择土壤不过干又不过湿时进行。中耕深度视树木根系深浅而定，深根性的中耕深度宜深，浅根性的则宜浅，一般大乔木的深度为20 cm，小乔木和灌木的深度为10 cm左右。若是中耕结合施肥进行，可适当加深深度。

2）除草

在夏季，将中耕和除草结合进行，可取得一举两得的效果。杂草的存在不仅消耗大量的水分和养分，还可传播各种病虫害，给树木的生长带来了影响，故应经常进行清除，以保证道路绿地的整洁美观和树木的苗壮成长。

除草有人工除草（见图5-10）和除草剂除草两种方法。无论使用哪种方法，都要掌握"除早、除小、除了"原则，在初春杂草开始生长时及时进行铲除。杂草种类繁多，无法一次除尽，宜在春、夏季进行2～3次除草工作，且尽力防止杂草结籽，以免留下后患。在风景林内或保护自然景观的斜坡上的杂草，无需清除，但可通过适当的修剪使之整齐美观，展示田野风情，并起到减少土壤冲刷、防止水土流失作用。

图 5-10　人工清除杂草

2. 施肥

城市道路绿地的土壤往往比较贫瘠，应通过施肥来增加土壤肥力，以保证树木的正常生长发育。由于道路绿化树木生长位置的特殊性和长期固定性，其施肥应以有机肥为主，适当兼用化学肥料，在施肥方式上以基肥为主，基肥与追肥兼施，同时注意避免恶臭，不能对人们的生活造成影响。另外，树木种类不同、作用不一，对肥料的种类、用量和施肥方法的要求也各不相同，所以应根据树木的实际情况进行施肥。

1）肥料种类

（1）有机肥。以有机物质为主的肥料，由动植物废弃物、植物残体和生物物质加工而成，包括厩肥、堆肥、家禽粪、人粪尿、绿肥、饼肥等。有机肥属于长效肥，有改良土壤和提供树木所需养分等功能，多作基肥用。

（2）无机肥。由无机物组成的肥料，也叫化学肥料，包括单质肥（磷肥、氮肥、钾肥等）、复合肥（硝酸钾、硝酸磷、磷酸二氢钾和磷酸铵等）及微量元素肥料（锰肥、锌肥、铁肥等）。无机肥大多属于速效肥，一般作追肥用。

（3）微生物肥料。以微生物的生命活动代谢来使树木获得特定的肥料效应的一种肥料制品，具有改良土壤结构、提高土壤肥力、促进树木生长等的作用。

2）施肥时间和次数

根据不同植物特性，按规定时间和次数施肥：乔木在春、秋季施肥 2～3 次，其中观花乔木每年施复合肥不少于 3 次，每次每株不少于 0.5 千克，在花芽分化前和开花后需各施 1 次肥；灌木每年施肥不少于 2 次；绿篱每年施复合肥 4 次，每次每平方米应不少于 0.5 千克。

3）施肥方法

一般在树木栽植前会将基肥施入土壤或栽植穴中，其后根据需要，隔几年施一次肥。树根有较强的趋肥性，在施基肥时宜深施，促使树根向深处和广处延伸。为促进树木的生长，还应进行追肥。一般新栽树木每年追肥 2 次，成年树木每年或每两年追肥一次。因城市环境卫生等原因，道路绿化树木施追肥一般用化或微生物肥料，不宜使用粪肥等。施肥的深度和范围与土壤状况、树种、树龄和肥料种类等有关，应根据实际情况实施。施肥效果往往与施肥方法密切相关，道路绿化树木常用的施肥方法（见图 5-11）有：

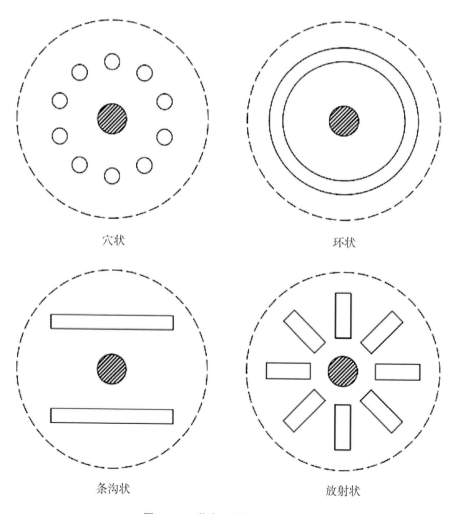

穴状　　　　　　　　　　　　　环状

条沟状　　　　　　　　　　　　放射状

图 5-11　道路绿化常用施肥方法

（1）穴施。在树冠垂直投影范围内，均匀挖几个直径为 30 cm，深达根系的施肥穴，倒入肥料后覆土填平，这是行道树施肥最常用的方法。

（2）环状施肥。沿树冠正投影线开挖一条深 30～40 cm，宽 25～40 cm 的环状沟，均匀施入肥料，然后填土平沟，可用于绿地中的单株树施肥（见图 5-12）。

（3）条沟施肥。多用于绿篱带或连续栽植的灌木下，在绿篱带下方距基干 30～50 cm 处，沿绿篱带平行方向挖深 30 cm、宽 30 cm 的沟，进行施肥后填土踏平。

（4）放射状施肥。以树干为中心，由浅而深均匀向外挖 4～6 条宽 30～60 cm 的辐射沟，将肥料撒入后覆土填平，适用于绿地中树根庞大且近地表而不便进行环沟施肥的大树。

（5）全面施肥。将树冠下根部表土全部翻起疏松后，将肥料撒入土中，让其自然向下渗透，适用于浅根性或下枝极低不便耕锄的树木。

树木施肥除了以上几种将肥料施入土壤的方法外，还可采用叶面喷肥（图 5-13）的方法。如树木因病虫危害而树势弱时，可叶面喷肥以快速恢复树势。叶面喷肥可使用的肥料种类较少，常见的有硫酸亚铁和尿素，在使用时应注意掌握浓度，严格按照配比说明进行操作，以免灼伤叶面。

综上所述，树木施肥方法多样，在使用时应结合树木自身特点与道路绿化的特殊性综合考虑。

图 5-12　环状施肥

图 5-13 叶面喷肥

5.2.1.3 树木的整形修剪

1. 修剪原则

1）应根据树木的生态习性和生长特征来进行修剪

树木的分枝方式和萌芽力、成枝力和伤口愈合能力的大小都对树木的修剪具有一定的影响作用，因而树木的修剪应考虑树木自身的生长特点，遵循其生长规律，才能使树形优美。广玉兰、银杏、水杉等以单轴分枝为主的树木顶端生长势极强，主干和主侧枝的从属关系明显，可剪除竞争枝和干扰树形的枝条，保留中央主干，形成尖塔形或圆锥形树冠；紫薇、海桐、栀子花、桂花等合轴分枝树木顶端生长势不强，整形时可通过短截顶枝并在剪口留壮芽的方法，逐渐合成主干向上生长，若不留主干，可修剪成球形、半球形等形状。萌芽力、成枝力和伤口愈合能力强的耐修剪树种可根据道路绿化要求而修剪，树形没有局限；反之，萌芽力、成枝力和伤口愈合能力弱的不耐修剪树种则应少修剪或轻剪。

2）要根据树龄进行修剪

不同生长时期的树木采用的修剪方式不同。幼年期树木应求扩大树冠，形成良好的树形，宜轻剪；壮年期树木的修剪以平衡树势为主，宜壮枝轻剪，弱枝重剪，从而保持树木的繁茂；衰老期树木为恢复生长势，可适当强剪，以保证新芽获得更多的养分而萌生壮枝。

3）要与树木栽植环境相适应

树的上方存在架空线的街道，应避免选择中央领导干强的树，宜选择中央领导干弱或不明显的树，定植时去除中央领导枝，使其冠形扁平或抱架空线生长。

4）要考虑装饰性需要

对于小叶榕、圆柏等耐修剪的行道树树种，可修剪成多种造型，以增加艺术装饰感。

2. 修剪时期

树木的修剪时期大体上可分为休眠期修剪和生长期修剪。

1）休眠期修剪

休眠期修剪又称为冬剪，是指冬季树木落叶开始至次年萌芽前的修剪。此时树木生长缓慢，甚至停滞，植物体内营养大都集中在根部，修剪后养分损失最少，对树木生长影响较小。

2）生长期修剪

生长期修剪又叫夏剪，是指自萌芽后至新梢或副梢停止生长的整个生长期的修剪。这段时期树木生长旺盛，在修剪量相同的情况下，对树木生长的抑制作用大于冬剪。故在一般情况下，生长期修剪宜轻不宜重。

大多数树种在休眠期和生长期都要进行修剪，休眠期内实施以整形为主的重剪，生长期内则以调整树势为主的轻剪，但部分在休眠期或早春伤流（从受伤或折断的植物组织伤口上流出液体的现象）严重的树种只宜进行夏剪。华南地区树木以常绿树种为主，而常绿树种，特别是常绿花果树，无真正的休眠期，枝叶全年所含养分较多，修剪时期所受限制较小，但也以晚春树木发芽萌动前为最好。

3. 修剪的基本方法

1）短截

短截是指对一年生枝条的剪截处理，可促发新梢，增加树木枝条数量，以保证树势健壮和正常结果，常用于骨干枝修剪和树体局部更新复壮等。根据其枝条保留长度可分为轻短截、中短截、重短截和极重短截。

2）疏枝

疏枝就是把病虫枝、衰老枝、过密的交叉枝、平行枝等生长不好或无用的枝条从基部分枝处剪掉或锯掉，可使枝条密度减小，调整树体结构，改善树冠通风透光条件，减少营养消耗，平衡营养生长和生殖生长。

4. 树木的整形方式

1）自然式整形

保持树木原有的自然形态，按照树种本身的生长特性，只对多余的枝干进行修剪，略加调整树冠的形状，促使其早日形成自然树形。

2）人工式整形

为满足艺术装饰要求，人为地将树冠修剪成各种几何或非规则式的形状，如圆柱形、圆锥形、螺旋形、圆头形、绿篱及各种动物造型等。人工式整形与树冠本身生长规律相违背，长期不剪会出现参差不齐的枝条，破坏原有造型，故需要经常修剪，在道路绿化中运用需谨慎。

3）自然和人工混合式整形

这是一种对树木自然树形稍加人工改造的整形方式，主要适用于主干弱或无主枝的一些树种。常见的有自然开心形、杯形、丛状形、中央领导干形、多领导干形等。

5. 不同类型树木的修剪

1）乔木树种的修剪

乔木树种的修剪以自然式整形为主，在修剪时应注意以下几点：

（1）乔木应根据其生长特性及绿化景观需要进行修剪（见图5-14、图5-15），对于胸径10 cm以上的乔木，每年至少修剪2次，修剪内容主要包括：萌生枝、内膛枝、徒长枝、病弱枝、下垂枝、重叠枝、榕树气生根，以及遮挡交通标志牌、交通信号灯、视频监控设施、电子警察和路灯的枝条，在确保树形完整的同时增加通风透光度，促进树木健康生长。

图5-14　冬季对紫薇修剪

图 5-15　对小叶榕修剪，控制其不侵占道路空间

（2）对行道树枝下高的修剪应有严格的控制，城市交通要道两旁的行道树枝下高一般以 3～4 m 为宜，非城市交通要道行道树的主干高度可适当降低，但最低不得低于 2 m。行道树的修剪应保证主枝呈斜上生长，下垂枝离地 2.5 m 以上，以防止刮车。同一条道路两旁行道树分枝点应保持一致。

（3）上方设有架空线道路应种植无主轴树种，采用杯形整形修剪方式以避开架空线，除冬季修剪外，每年夏季还应随时剪去触碰架空线的枝条。

（4）行道树树冠与树高的比例视树种及绿化要求而定，一般以树冠高度占树高的1/2～1/3为宜。

（5）对于偏冠的行道树，遇大风容易出现倒伏的危险状况，应重剪倾斜方向的枝条，另一方则轻剪，以调整树势。

（6）对于松柏类常青乔木，除对干枯枝、折损枝、严重病虫枝修剪外，一般无需修剪。如要提高树木的分枝点，应从幼树时逐年修剪，且一次不宜修剪过多。为避免伤口过大，剪口还应稍离主干。

（7）对于落叶类乔木，应随时修剪枯枝、病虫枝、细弱枝和多余的枝条。在春季萌芽后，还应注意及时剪除树干基部的萌发芽。

2）灌木树种的修剪

对灌木的日常维护修剪应多疏少截，疏去过密枝并随时清理枯枝、病虫枝，截去外边丛生枝和小枝，使其保持整齐匀称的树形，改善灌木丛内通风透光条件。对于部分衰老枝，可通过保留健壮枝条的方式予以更换。灌木的具体修剪时间和方式因灌木种类繁多而较为复杂，这里只作大致的分类介绍：

（1）观花灌木：群团种植的花灌木应轻剪，使整体形态和谐，花繁叶茂。孤植的花灌木可重剪，使花大而突出，强调其个体美。花灌木的修剪还应根据其开花习性来进行：对于早春开花的种类，应在花谢后轻剪，剪去枝条的1/5即可；夏秋当年枝条上开花的灌木，应在冬季休眠期重剪，可剪去枝条的2/3；隔年生枝条上开花的灌木，应在花谢后1～2周内适度修剪；多年生枝上开花灌木，应在休眠后或萌动前修剪，保护老枝，除去枯枝、病虫枝、过密枝、徒长枝；观花观果树种可在休眠期轻剪，只需剪去枝条的1/4～1/5。

（2）观枝灌木：此类灌木的修剪应逐年分次更新老干，保证大部分枝条处于最佳观赏期。为延长观赏期，一般不在冬季修剪，而在早春进行重剪，之后实施轻剪，使其萌发更多新枝。

（3）观叶灌木：既观花又观叶树种的修剪与早春开花灌木的修剪大体相同，其他观叶树种往往只做常规修剪。对于观秋叶类灌木，不仅要注意做好保叶工作，防止其受病虫危害而影响观赏价值及寿命，还应忌夏季重短截和7月之后的大肥大水，以免树叶生长过旺而不变色。

（4）观果灌木：应注意剪除过密枝，以利通风透光，减少病虫害，促进果实着色。花后一般不作短截，但可在夏季采用环剥、疏花、疏果等措施来提高坐果率。

（5）萌芽力极强或冬季易干梢的灌木：可在冬季自地面割去，促使来年春天新枝的萌发。迎春、蔷薇等树种在栽植后几年内可任其自由生长，待到株丛过密时再从基部疏掉1/2的主枝，以改善灌木丛内通风透光条件，促进树木的生长。

（6）萌芽力弱的灌木：含笑、扶桑等萌芽力弱的灌木树种丛生枝一般集中着生在根茎部位，可利用此特性将其修剪成小乔木状，从而提高观赏性。

3）绿篱的修剪

绿篱在栽植后应任其自由生长一年，从第二年开始再根据所设计的高度进行修剪，以防止过早修剪影响地下根系的正常生长。一般绿篱的修剪时间视树种而定，对于常绿针叶树，应在春末夏初进行第一次修剪，待立秋以后再完成第二次的全面修剪；对于阔叶树种，无具体规定的修剪时间，在春、夏、秋三季都可根据需要进行修剪；对于花灌木栽植的绿篱，因其观花需要，一般不用整形式的修剪方式，主要在花谢后进行自然式修剪；整形式绿篱除按照树种特性和栽培要求在固定时间完成修剪外，还应随时根据其长势进行轻剪，以保持造型。

绿篱按照其整形方式大致可分为自然式绿篱、半自然式绿篱和整形式绿篱，具体修剪要求如下：

（1）自然式绿篱：多用于高篱或绿墙。此类绿篱无需进行专门的整形修剪，在栽培养护过程中只需剪除掉枯枝、病虫枝、老枝即可。

（2）半自然式绿篱：这种类型的绿篱也可不行特殊的整形措施，但在日常养护中，除修剪病老枯枝外，还需控制其高度，使基部分枝茂密，绿篱呈半自然生长状态。

（3）整形式绿篱：造型多样，有圆柱形、矩形、梯形、波浪形等。整形式绿篱在定植后应及时按照设计规格剪去多余枝条，修剪时应注意避免出现上大下小状态，否则会给人以头重脚轻之感，且易造成下部干枯、空裸，不能长期维持良好景观效果。整形式绿篱的修剪整形以梯形为佳，可以保证下部枝叶光照良好而生长茂密，不易裸秃（见图 5-16）。造型绿篱应按型修剪（见图 5-17），顶部多剪，周围少剪，直线平面处可拉线修剪；粗大枝条的截短可低于规定高度 5～10 cm，以避免较粗剪口的裸露。

（a）梯形（合理）

（b）长方形（常用方式）
下枝易秃空

（c）倒梯形（错误形式）
下枝极易秃空

图 5-16　绿篱修剪整形的侧断面

图 5-17　绿篱的修剪

5.2.1.4　树木的病虫害防治

1. 病虫害的发生

道路绿化植物在生长发育过程中时常会遭到各种病虫害，轻者造成植株衰弱，重者使植株死亡，甚至成片枯死，损失惨重，严重影响道路绿化美化效果。道路绿化植物病虫害的发生除了共有的规律外，还存在以下因素：

（1）城市环境中存在诸多不利于植物生长的因素，如空气污染、热辐射、热岛效应、土壤紧实等，容易导致植物出现非侵染性病害。同时，植物因环境影响而生长不良，也易招来各种病虫菌和害虫。

（2）由于道路绿地空间有限，植物种类比较单调，群落结构较为简单，生物的多样性和食物链的完整性大大地削弱，给病虫害的发生提供了条件。

（3）为了满足功能要求和观赏要求，常常对道路绿化植物进行修剪整形，过度的修剪不仅影响植物的正常生长，所留下的剪口也给病虫的入侵创造了机会。

2. 病虫害的防治

树木病虫害防治的主要任务是将病虫害造成的损失控制在经济和观赏允许的范围

内，应遵循"预防为主，综合防治"原则，在种植设计、管理和养护等工作环节中，从经济效益出发，综合利用各种措施，营造适合植物生长而不利于病虫害发生的生态环境，提高植物的抗病虫害能力，从而预防和控制病虫害的发生。根据其工作原理和所用技术，可将病虫害的防治方法分为以下 5 类：

1）植物检疫

植物检疫是一项传统的植物保护措施，可从宏观上预防危险性植物病虫害、杂草入侵和其他有害生物的人为传播。随着全球一体化的发展，当今世界国际贸易往来频繁，旅游业日益兴旺，十分有助于园林病虫害的传播与蔓延。因此，在道路绿化植物及其他材料引种和调运过程中，必须加强植物的检疫，阻止危险性植物病虫害的传入或传出，对已传入的要及时封锁，就地消灭。

2）园林防治

园林防治是通过园林栽培措施，创造不利于有害生物发生的环境条件，起到阻止或抑制病虫害发生的作用。具体措施如下：

（1）选用抗病虫害能力强的树种。针对当地主要发生的病虫害，选用病虫少或抗病虫能力强的树种。在种苗种植前，还应进行病虫检验，确保种苗无病虫或病虫少。若种苗携带少量病虫，则先行处理。

（2）种植的树种要多样。植物种类越单一，越容易发生严重的病虫害，因为单一的种植模式为病虫害提供稳定的生态环境。因此，道路绿地建设应增强植物的多样性，建立合理的植物群落结构，以提高对病虫害的自我调控能力，防止病虫害的大规模发生。

（3）合理搭配树种。害虫和病原菌的寄主或吸食对象相对比较固定，利用不同的树种进行搭配或混交，可在空间上防止病虫害的发生，阻断其蔓延。但应注意不要将可相互传染病虫害的树木放在一起。

（4）加强水肥管理。合理的灌溉、排水和施肥，有利于树木的苗壮成长，增强树木的抗病虫能力，减少病虫害的发生。

（5）保持环境的清洁。道路上的杂草、枯枝落叶往往是病虫滋生的温床，应及时清除干净。对于受病虫害严重的枝叶、治疗无望或死亡的植株，应及时进行清理，减少病虫繁殖传播媒介。

3）物理防治

物理防治是利用机械作用和物理因子来防治病虫害的方法。

（1）人工、器械防治。利用人工或简单的工具捕杀害虫及清除病株、病部。

（2）物理因子防治。如利用昆虫的趋光性，设置黑光灯和高压电网灭虫器等来诱杀害虫。

4）生物防治

生物防治是利用有益生物及其天然产物来控制病虫害的方法，具有安全、经济、效果持久等优点，是园林病虫害综合防治的重要内容。

（1）以菌治病。利用微生物与病原菌之间的拮抗作用来防治病害的方法。

（2）以菌治虫。利用病毒、细菌、真菌等害虫的病原微生物来防治害虫。

（3）以虫治虫和以鸟治虫。利用害虫的捕食性或寄生性天敌昆虫和益鸟来防治害虫。

5）化学防治

利用化学药剂预防或直接消灭病虫害的方法，具有急救性强、作用快、使用方便、不受地域和季节限制等优点，是目前道路绿地系统最主要的病虫害防治方法。但长期使用性质稳定的化学药剂，不仅会污染环境，还会使害虫和病原菌产生抗药性。因此，应尽量减少农药的使用。在不得不使用时，应选择高效、低毒、低残留的农药种类，且要几种农药轮换使用或合理混配使用，控制其配置浓度，防止市民中毒。一般情况下，对行道树的农药喷洒往往安排在晚上 12 点以后，以免对行人造成干扰或引起不适。

5.2.1.5　树木的抗风

华南地区夏季常受台风的侵袭，不少树木被拦腰折断，甚至是连根拔起（图 5-18）。倒伏在路上的树木不仅影响道路景观，还妨碍交通，甚至危及人们的生命和财产安全。因此，研究影响树木抗风能力的因素，落实树木抗风措施，提高树木的抗风能力是十分必要的。

图 5-18　台风"山竹"过后广州的街头绿地

1. 影响树木抗风能力的因素

1）内在因素

影响树木抗风能力的内在因素主要表现为树木的生物学特性，包括树木的根系分布、树冠形状、树龄和木材强度等。一般情况下，根系浅、树冠庞大、枝叶浓密的树种，如非洲桃花心木、黄槿、红花羊蹄甲等，在台风的侵袭下易倒伏；枝干生长迅速、枝条脆弱、木质韧性差的树种，如木棉、垂榕、南洋楹、盆架子、红花羊蹄甲等，容易发生断干、折枝现象。因此，通常认为，根系浅、主干通直、树冠庞大、枝叶浓密的树种，抗风性弱；而根系深广、主干低矮、枝叶稀疏、材质坚韧的树种，抗风能力强。

2）外在因素

（1）风速。大部分树木都承受不了 9 级风力，当风力达到 8 级时，树木的树枝可被折断；当风力达到 10 级时，树木会被连根拔起。

（2）立地条件。当树木处于风口或地势高之处时，易遭受风害；树木所在位置光照不均匀，树木容易出现偏冠，在台风中易倒伏；土壤空间小或土质差都会限制树木根系的生长，从而降低树木的抗风能力。

（3）苗木质量和种植施工质量。苗木本身瘦弱，有病虫害或有伤残，都会对其抗风能力造成影响；种植施工时，如树穴开挖不够大、没去除土球捆绑物等，都会妨碍树木根系深入土壤，使得树木在台风中易松动、倒伏。

（4）树木的养护管理。树木缺乏修剪而树大招风或是因修剪不正确而形成头重脚轻，都容易在大风时倒伏；支撑不够牢固，树木抵御台风能力也会大大下降；灌溉、施肥、病虫害防治等养护管理措施不够合理、到位，也会影响树木的生长发育，导致其抗风能力降低。

（5）绿地结构。相较于树池式行道树绿带，树带式行道树绿带抗风性更强；多行种植的行道树比单行行道树抵抗台风的能力强；群落式绿化种植的抗风能力也强于单层次的绿化种植。

（6）市政工程的干扰。管线工程、铺装工程等基础工程易对树木的根部造成伤害，从而影响树木的抗风能力。在行道树周围进行地下管线埋设施工时，若发现行道树根系生长延伸到道路一侧，常将其铲断，从而导致树木根系支撑不平衡，大大增加了大风时树木倒向路面的概率；不透水、不透气的硬质铺装不仅会阻止雨水的下渗，还会隔断大气与土壤之间的气体交换，妨碍树木根系的呼吸，导致树木生长不良，进而降低其抗风能力（见图 5-19）。

图 5-19　铺装影响树木根系的生长

树木的抗风能力不仅受其根系分布、树冠形状、树龄和木材强度等自身生物学特性的限制，还受到风速、立地条件、种植施工质量、管理养护、绿地结构以及市政工程等外在因素的影响。肖洁舒、冯景环通过对华南地区树木倒伏原因的分析研究，得出树木抗风能力影响因素重要性的排序：种植质量、土壤＞修剪养护＞地形＞树种本身抗风性和种植时长＞绿地结构。①

2. 落实道路绿化树木抗风能力的措施

加强道路绿化树木的抗风能力可从以下几个方面入手：

1）选择抗风性强的树种

华南地区高温多雨，夏季多有台风，在易遭台风侵害的风口、风道等处，最好选择抗风性强的树种，并适当密植。

2）优化绿地结构

结合立地环境，尽量采用抗风性较强的种植形式，形成具有抗风能力的绿地结构。如适当采用群落式种植模式，或树带式行道树种植方式，或多行乔木配置方式等。

3）促进根系生长

通过改良土壤、增大树池和绿化带、适当深栽等方式，促进树木根系的生长，提供强而有力的根系支撑，减少树木风折、风倒损害。

4）合理修剪

树大招风，应对树木进行合理修剪，使之形成抗风的结构形态。对于红花羊蹄甲、非洲桃花心木等速生树种，应注意对其树冠进行透风性修剪，培养过风性良好的树形，增强树木的抗风性；对于黄槿、小叶榕等树冠浓密的浅根性树种，应加强修剪，梳理

---

① 肖洁舒. 冯景环. 华南地区园林树木抗台风能力的研究［J］. 中国园林，2014（3）：115-119.

过密的分枝，调整根冠比使之达到一个合理的状态，从而达到提高树木抗风能力的目的。

5）加强衰老树木的养护管理和复壮

树木衰老后抗逆性变差，抗风能力也会下降。对于衰老树木，可通过深翻截根、重修剪、回缩树冠、改良土壤、增施有机肥、施用植物生长调节剂等措施进行复壮。

6）设立支撑或防风障

在树木的种植施工和养护管理过程中，应注意做好支撑工作。定植后及时支撑；在雨季、台风季节前，对倾斜和新栽植 5 年内的树木做好加固支撑工作（见图 5-20），及时消除隐患，避免树木倒伏；对幼树或古树名木，适当设置防风障等。

图 5-20 树木的支撑防护

7）合理灌溉，加强病虫害防治

详见本章"树木的灌溉与排水""树木的病虫害防治"内容。

3．抗风树种推荐

华南地区常用的抗风能力较强的树种见表 5-4。

表5-4　华南地区抗风推荐树种

序号	植物名称	学名	科名	抗风特性
1	小叶榄仁	*Terminalia mantalyi* H. Perrier	使君子科	树形过风，根系深且广
2	木麻黄	*Casuarina equisetifolia* L.	木麻黄科	树形过风，根系发达
3	异叶南洋杉	*Araucaria heterophylla*（Salisb.）Franco	南洋杉科	树形过风，树枝柔韧
4	水松	*Glyptostrobus pensilis*（Staunt.）Koch	杉科	树形过风
5	落羽杉	*Taxodium distichum*（L.）Rich.	杉科	树形过风
6	池杉	*Taxodium ascendens*. Brongn.	杉科	树形过风
7	罗汉松	*Podocarpus macrophyllus*（Thunb.）D. Don	罗汉松科	树形过风
8	尖叶杜英	*Elaeocarpus apiculatus* Mast.	杜英科	树形过风，直根系
9	大花第伦桃	*Dillenia turbinata* Fin.et Gagnep	第伦桃科	树形过风，直根系
10	香樟	*Cinnamomum camphora*（L.）Presl	樟科	根深，枝条柔韧
11	阴香	*Cinnamomum burmanni*	樟科	总体抗风
12	假苹婆	*Sterculia lanceolata* Cav.	梧桐科	总体抗风
13	秋枫	*Bischofia javanica* Bl.	大戟科	根系发达，总体抗风
14	海南红豆	*Ormosia pinnata*（Lour.）Merr.	蝶形花科	总体抗风
15	白千层	*Melaleuca quinquenervia*（Cav.）S. T. Blake	桃金娘科	树形过风，枝条柔韧
16	蒲桃	*Syzygium jambos*（L.）Alston	桃金娘科	总体抗风，枝条柔韧
17	海南蒲桃	*Syzygium cumini*（L.）Skeels	桃金娘科	总体抗风，枝脆
18	人面子	*Dracontomelon duperreanum* Pierre	漆树科	板根，根系发达
19	扁桃	*Mangifera persiciformis* C.Y. Wu et T.L. Ming	漆树科	总体抗风，根深
20	芒果	*Mangifera indica* L.	漆树科	总体抗风，小枝脆

（续上表）

序号	植物名称	学名	科名	抗风特性
21	乐昌含笑	*Michelia chapensis* Dandy	木兰科	树形过风，直根系
22	荷花玉兰	*Magnolia grandiflora* L.	木兰科	树形过风，直根系
23	枫香	Liquidambar formosana Hance	金缕梅科	树形过风
24	木棉	*Bombax ceiba* L.	木棉科	树形过风，板根
25	美丽异木棉	*Ceiba speciosa* St.Hih.	木棉科	树形过风，但枝条脆
26	银桦	*Grevillea robusta* A. Cunn. ex R. Br.	山龙眼科	树形过风，根系发达，小枝脆
27	铁冬青	*Ilex rotunda* Thunb.	冬青科	总体抗风
28	○高山榕	*Ficus altissima* Bl.	桑科	根系发达，枝条柔韧
29	○小叶榕	*Ficus microcarpa* L. f.	桑科	根系发达，枝条柔韧
30	大叶榕	*Ficus virens* var. *sublanceolata*	桑科	根系发达，枝条柔韧
31	○亚里垂榕	*Ficus binnendijkii* ‘Alii’	桑科	根系发达，枝条柔韧
32	○印度橡胶榕	*Ficus elastica* Roxb. ex Hornem.	桑科	根系发达，枝条柔韧
33	树菠萝	*Artocarpus heterophyllus* Lam	桑科	总体抗风
34	麻楝	*Chukrasia tabularis* A. Juss.	楝科	总体抗风，枝条脆
35	铁刀木	*Cassia siamea* Lam.	苏木科	树形过风，树枝脆
36	凤凰木	*Delonix regia*（Boj.）Raf.	苏木科	树形过风，根系发达，枝条脆
37	○黄槿	*Hibiscus tiliaceus* L.	锦葵科	树形抗风的适应性强
38	糖胶树	*Alstonia scholaris*（L.）R. Br.	夹竹桃科	树形过风，但枝条脆
39	蓝花楹	*Jacaranda mimosifolia* D. Don	紫葳科	树形过风，根系发达，材质脆
40	猫尾木	*Dolichandrone cauda-felina*（Hance）Benth. et Hook. f.	紫葳科	总体抗风
41	大王椰子	*Roystonea regia*（Kunth.）O.F. Cook	棕榈科	树形过风，但生长点怕风
42	假槟榔	*Archontophoenix alexandrae*（F. Muell.）H. Wendl. et Drude	棕榈科	树形过风，但生长点怕风

序号	植物名称	学名	科名	抗风特性
43	加拿利海枣	*Phoenix canariensis*	棕榈科	树形过风，但生长点怕风
44	蒲葵	*Livistona chinensis*（Jacq.）R. Br.	棕榈科	树形过风，但生长点怕风
45	油棕	*Elaeis guineensis* Jacq.	棕榈科	树形过风，但生长点怕风

注：植物名称前带"○"的树种，应注意对其树冠定期疏剪，使之保持良好的透风性。

5.2.2　草坪的养护管理

如果养护管理不当，草坪会变成杂草丛生的荒草地，所以要保证草坪在建成后具有良好的景观和较长的使用寿命，除了要做好选种、育苗、建造草坪等工作之外，还应采取正确、持续的养护管理技术对建成后的草坪进行养护和管理。

5.2.2.1　草坪的灌溉

水是植物体的重要组成部分，植物的蒸腾作用、体内营养物质的输送均离不开水。灌溉是维持草坪生长和提高草坪质量的补水措施，特别是在年降雨量不足 1000 mm 及降雨量虽多但季节分布明显不均匀的地区，人工灌溉是草坪养护管理的必要措施。草坪对水分的需求受草坪草种、土壤类型、环境条件等多种因素影响，具体灌溉方法、灌水时间、灌水量等需要根据实际情况做出抉择。

1. 灌溉方法

常用的灌溉方法有地面漫灌、地下灌溉及喷灌三种。

（1）地面漫灌法

地面漫灌时需要草坪表面相当平整，地面最好有 0.5%～1.5% 的坡度，以便灌溉水能够均匀地分布到草坪的各个地方。这种方法的优点是简单易行，缺点则是耗水量大、水量不均匀、使用局限大。

（2）地下灌溉法

地下灌溉法适用于地下水位较高的地区，这种方法是靠毛细管的作用将地下埋设管道中的水由下往上供给根系层，这种方法的优点是可避免土壤变紧实，同时可使蒸发量减小到最低限度，缺点是前期设备、施工投入成本太高。

（3）喷灌法

喷灌法是使水流雾化成小水珠，然后像下雨一样淋在草坪上。这种方法建造成本比地面漫灌法高，但具有灌水量容易控制、浇灌均匀、对土壤的侵蚀小、用水经济、操作自动化等优点，在国内城市道路绿化灌溉中使用较普遍。

2. 灌水时间

灌溉可以在一天中大多数时间进行，但最好避开夏季中午，原因是在此时灌溉不仅容易导致草坪烫伤，还会因水分蒸发强烈而降低灌水的利用率，同时也会干扰到其他草坪管理措施诸如修剪、施肥等的实施。从水分利用效果和养护措施间的协调性来看，灌溉时间以清晨或傍晚为佳，因为这时水分蒸发损伤少，利用率高。

3. 灌水量

灌水量大小应该根据草种、生长期、土质等因素而有所不同。灌水时单位时间灌水量不应超过土壤的渗透能力，总灌水量不应超过土壤的持水量。原则上要求能够渗透根系层，不发生地表径流为准。沙质土壤透水性强、保水性差，灌水时应多次少量进行，用水量比较大。而黏质土壤渗水性差，保水性较强，每次灌水量可以大些，灌水次数可以适当减少。

5.2.2.2　草坪的施肥

施肥对于人工草坪来说是必不可少的养护管理措施，因为人工草坪需要经常进行修剪，每次修剪必然会剪去一部分枝叶，而枝叶的生长需要从土壤中吸收所需的营养物质。通过合理的施肥，可以为草坪草的生长提供必需的营养物质，维持草坪的生态功能和植物景观。此外，还可以增强草坪草抗热、抗寒以及抗病虫害的能力，促进草坪草的快速生长，进而加强草坪植物与杂草的竞争能力。

1. 草坪植物营养元素组成

草坪植物的生长发育主要需要 16 种基本元素，其中碳、氢、氧 3 种元素来源于二氧化碳和水，而其他 13 种元素需要从土壤中吸收。除氮、磷、钾 3 种元素需要量较大外，其余元素需求量很少，一般情况下土壤中的含量可以满足草坪植物生长需求。氮、磷、钾这 3 种元素必须通过施肥进行供给，故被称为肥料三要素。氮元素是植物生长需求量最大的元素，可以增进叶色，促进枝叶生长；磷元素能够促进植物根系生长，对开花结果尤为重要；钾元素则可以促进植物的光合作用和营养物质的运输，增强植物的抗逆性。需要注意的是，具体的施肥措施还需要根据草坪草的生长状况和土壤化验结果来决定。

2. 草坪常用肥料

草坪常用肥料很多，施肥时一般选用无机肥料，氮肥有硫酸铵、硝酸铵、尿素等，磷肥有过磷酸钙、钙镁磷肥、磷酸铵等，钾肥有硫酸钾、氯化钾等。肥料品种不同，其养分种类、适用对象、使用方法及施用量也不尽相同。施用氮肥、钾肥时可以将肥料直接撒在草坪上，紧接着进行灌水，使肥料溶化然后流入土壤中。施肥时应注意撒肥均匀，防止局部肥料过多造成叶片灼伤。施磷肥时必须施在植物根系附近，因为磷肥容易被土壤固定。

3. 施肥时间及施肥量

草坪施肥一般在春秋两季进行，春季施肥可以加速草坪的返青速度，有利于草坪损伤处的恢复，增加草坪抗逆性。而秋季施肥，则可以延长绿期，并促进第二年生长新的根茎。一般地，北方以春季施肥为主，南方以秋季施肥为主。春季施肥以氮肥为主，配合少量的磷肥、钾肥；秋季则要减少氮肥，适当增加磷肥、钾肥，以满足草坪植物正常生长的营养物质需求。

5.2.2.3 草坪的修剪

草坪建成后，应该根据草坪的生长情况及时对草坪进行修剪，否则草坪会长得参差不齐，影响草坪观赏效果。修剪是草坪养护管理中的一项特色管理项目，主要是为了维持草坪的美观和使用功能。

1. 草坪的修剪时间和频率

草坪的修剪时间和频率，不仅与草坪草的种类有关，还与草坪草的生长发育状况、肥料的供给有关。肥料特别是氮肥供给过多，会促进草坪草的生长，需要增加草坪的修剪次数。此外，在草坪草的生长高峰期也要增加修剪次数，华南地区常用草坪草为暖季型，其生长高峰期是夏季，因此在夏季应该增加修剪次数。

草坪修剪的适宜时间一般以草坪草垂直高度为指标，正常情况下，草坪草生长到6 cm 时就应修剪，因为如果超过这个高度，草坪草将直立生长，无法形成致密的草坪效果。草坪草的修剪高度应该遵循 1/3 原则，即每次修剪时剪除部分不应该超过草坪草总高度的 1/3。另外，修剪高度还需要根据草坪的用途和草坪草的特性来决定（见表 5-5）。

表 5-5　草坪修剪高度和草坪用途对应关系

草坪种类	修剪标准（生长高度）/cm	留桩高度 /cm
观赏草坪	6～8	2～3
休息活动草坪	8～10	2～3
草坪球场	6～7	2～3
湖泊草坪	12	1～3

2. 草坪的修剪方法及工具

草坪的修剪主要依靠剪草机来完成，常用的剪草机类型很多。按前进动力类型来划分，有机动式和手推式两种；按刀具类型来划分，有滚刀式和旋刀式两种。剪草机类型对草坪修剪质量有决定性的影响，一般来说，剪草机的选择原则是在满足修剪质量要求的前提下，尽量选择经济适用的机型。

图 5-21　工作人员使用旋刀式剪草机修剪草坪

　　滚刀式剪草机修剪质量高，修剪高度低，一般修剪高度在 3～80 mm，但价格昂贵，维护保养费用高，常用于高尔夫球场等要求高养护水平的草坪。旋刀式剪草机修剪质量稍差，修剪高度一般为 25～120 mm，但价格低廉，维修保养方便，因此是目前道路绿化使用最为普遍的剪草机类型（见图 5-21）。值得注意的是，无论采用何种类型的剪草机，都需要保持刀刃锋利，否则可能造成切口拉伤、撕裂，从而影响草坪的修剪质量。

参 考 文 献

［1］陈相强. 城市道路绿化景观设计与施工［M］. 北京：中国林业出版社，2005.

［2］庄雪影. 园林树木学　华南本［M］. 广州：华南理工大学出版社，2006.

［3］蒋中秋，姚时章. 城市绿化设计［M］. 重庆：重庆大学出版社，2000.

［4］王绍增. 城市绿地规划［M］. 北京：中国农业出版社，2005.

［5］郑伟. 东莞市城区道路植物应用调查与分析［D］. 广州：华南农业大学，2016.

［6］Jim C.Y. A planning strategy to augment the diversity and biomass of roadside trees in urban Hong Kong［J］. Journal of Architectural Engineering，1999，44（1）：13-32.

［7］Fukahori K,Kubota Y. The role of design elements on the cost-effectiveness of streetscape improvement［J］. Landscape and Urban Planning，2003，63（2）：75-91.

［8］徐文斐. 城市道路景观设计初探［D］. 苏州：苏州大学，2012.

［9］王浩. 城市道路绿地景观设计［M］. 南京：东南大学出版社，1999.

［10］刘铁冬. 城市道路绿带的设计研究［D］. 哈尔滨：东北林业大学，2004.

［11］潘谷西. 中国古代城市绿化的探讨［J］. 南工学报，1964（1）：29-42.

［12］祝遵凌，芦建国，胡海波. 道路绿化技术研究［M］. 北京：中国林业出版社，2013：238.

［13］邱巧玲，张玉竹，李昀. 城市道路绿化规划与设计［M］. 北京：化学工业出版社，2011：1.

［14］马彦章. 漫谈我国古代城市的绿化［J］. 古今农业，1991（2）：29-33.

［15］宁绮珍. 广州市城市道路绿地景观设计研究［D］. 广州：华南理工大学，2012.

［16］Little，CharlesE. Greenways for America［M］. London：Johns Hopkins University Press，1990.

［17］王祥荣. 生态园林与城市环境保护［J］. 中国园林，1998（2）：14-16.

［18］王浩. 城市生态园林与城市绿地系统规划［M］. 北京：中国林业出版社，2003.

［19］周荣沾. 城市道路设计［M］. 北京：人民交通出版社，1988.

［20］徐清. 景观设计学［M］. 上海：同济大学出版社，2010.

［21］王莲清. 道路广场园林绿地设计［M］. 北京：中国林业出版社，2001.

［22］沈建武，吴瑞麟. 城市交通分析与道路设计［M］. 武汉：武汉测绘科技大学出版社，1996.

［23］诺曼K. 布思. 风景园林设计要素［M］. 曹礼昆，曹德鲲，译. 北京：中国林业出版社，1989.

［24］周雪芬. 城市道路空间景观设计研究［D］. 南京：南京林业大学，2015.

［25］曾艳. 风景园林艺术原理［M］. 天津：天津大学出版社，2015.

［26］李智博，马力，杨岚，等. 从城市规划看城市道路绿化景观设计［J］. 国土与自然资源研究，2011（1）：74-75.

［27］陈月华，王晓红. 植物景观设计［M］. 长沙：国防科技大学出版社，2005.

［28］马菁. 景观设计理论与实践研究［M］. 北京：中国水利水电出版社，2016.

［29］陈文德. 风景园林种植设计原理［M］. 成都：四川科学技术出版社，2015.

［30］徐玉红. 园林植物观赏性与园林景观设计的关系［J］. 山东农业大学学报（自然科学版），2006（3）：465-470.

［31］王浩，等. 城市道路绿地景观规划［M］. 南京：东南大学出版社，2005.

［32］（日）芦原义信. 外部空间设计［M］. 尹培桐，译. 北京：中国建筑工业出版社，1985.

［33］肖姣娣，覃文勇，曹洪侠. 园林规划设计［M］. 北京：中国水利水电出版社，2015.

［34］赵建民. 园林规划设计［M］. 3版. 北京：中国农业出版社，2015.

［35］冯偲. 城市景观空间中视觉心理学的研究与应用［D］. 南京：南京理工大学，2013.

［36］麦克卢斯基. 道路型式与城市景观［M］. 张仲一，卢绍曾，译. 北京：中国建筑工业出版社，1992.

［37］杨惠中. 城市出入口道路绿地景观规划设计研究［D］. 合肥：安徽农业大学，2013.

［38］董毓俊. 园林绿化植物的常用种植方法［J］. 安徽林业，2010（3）：63.

［39］罗爱英. 园林绿化树木配置方法及原则研究［J］. 北京农业，2014（2）：58.

［40］黄凤英. 浅谈华南地区城市道路绿化植物的合理选择及配置［J］. 花卉，2018（14）：89-90.

［41］黄东兵. 园林规划设计［M］. 北京：中国科学技术出版社，2003.

［42］林木. 城市交通岛绿化设计［J］. 湖南林业，2006（7）：8.

［43］肖洁舒，冯景环. 华南地区园林树木抗台风能力的研究［J］. 中国园林，2014（3）：115-119.